ISBN 978-3-662-32053-2 ISBN 978-3-662-32880-4 (eBook)
DOI 10.1007/978-3-662-32880-4

Inhalts-Verzeichniß

für das Jahrbuch der Preußischen Forst- und Jagd-Gesetzgebung und Verwaltung.

XVIII. Band 1. Heft.

Art.	Organisation. Dienst-Instructionen.	Seite
1.	Verordnung, betr. die Wahlen der Mitglieder des Landeseisenbahnrathes durch die Bezirkseisenbahnräthe. (9. Dezember 1885.)	1

Versicherungswesen.

2.	Statut der Forst-Betriebs-Krankenkasse zu Schleusingen. (13. Mai 1885.).	2

Verwaltungs- und Schutz-Personal. Gehalte und Emolumente, Pensionirungen, Alters-, Wittwen- und Waisen-Versorgung.

3.	Die Stellvertretung der Forstschutzbeamten in Krankheits- und sonstigen Behinderungsfällen betr. (28. September 1885.)	15

Geschäfts-, Kassen- und Rechnungswesen.

4.	Zurücknahme der Genehmigung zur Mitwirkung Königl. Kassen bei Annahme und Abführung von Mitgliederbeiträgen der Beamtenvereine, Versicherungsgesellschaften 2c. (22. Juli 1885.)	15
5.	Uebernahme des Portos für erforderte Berichte von Beamten, welche ihre Person betreffen, auf die Staatskasse. (24. October 1885.)	16

Forstabschätzungs- und Vermessungswesen. Grenz-Revisionen.

6.	Die Veröffentlichungen der Höhenbestimmungen der Königlich Preußischen Landesaufnahme betr. (3. Dezember 1885.)	16
7.	Verfahren bei der neuen Anlegung des Abschnittes A des Controlbuches. (10. Dezember 1885.)	17

Bauwesen.

8.	Anderweite Regelung des Verdingungswesens betr. (26. September 1885.)	18
9.	Verfahren bei der Vorbereitung, Ausführung und Abrechnung der aus Staatsmitteln ganz oder theilweise zu errichtenden Hochbauten. (4. August 1885.)	37
10.	Anwendung der allgemeinen Vertragsbedingungen für die Ausführung von Hochbauten bei den auf die Wasser- und Wegebauten bezüglichen Vertragsabschlüssen. (12. Dezember 1885.)	39

Forst- und Jagdschutz und Strafwesen. Forst- und Jagdrecht.

11.	Jagdvergehen. Einziehung der Transportmittel. (Urth. des Reichsgerichts vom 19. Juni 1885.)	41
12.	Polizei-Verordnung der Königl. Regierung Potsdam, betr. die Ausführung des Feld- und Forstpolizei-Gesetzes vom 1. April 1880. (9. November 1885.)	41

Personalien.

13.	Veränderungen im Königlichen Forst- und Jagdverwaltungs-Personal vom 1. October bis ult. Dezember 1885.	46
14.	Ordens-Verleihungen an Forst- und Jagdbeamte vom 1. October bis ult. Dezember 1885.	47

Organisation. Dienst=Instructionen.

1.

Verordnung, betreffend die Wahlen der Mitglieder des Landeseisenbahnrathes durch die Bezirkseisenbahnräthe. Vom 9. Dezember 1885.

(Gesetz=Sammlung S. 355.)

Wir Wilhelm, von Gottes Gnaden König von Preußen ꝛc. verordnen auf Grund des § 10 c. des Gesetzes vom 1. Juni 1882, betreffend die Einsetzung von Bezirkseisenbahnräthen und eines Landeseisenbahnrathes für die Staatseisenbahnverwaltung (Gesetz=Samml. S. 313):*)

§ 1.

Der Vertheilungsplan für die durch die Bezirkseisenbahnräthe aus den Kreisen der Land= und Forstwirthschaft, der Industrie und des Handelsstandes zu wählenden Mitglieder des Landeseisenbahnrathes wird, unter Abänderung der Verordnung vom 7. Februar 1883 (Gesetz=Samml. S. 19)**) festgestellt, wie folgt:

Provinz (bezw. Regierungsbezirk und Stadt).	Zahl und Vertheilung der Mitglieder und Stellvertreter.			Wahlberechtigter Bezirkseisenbahnrath.
	Land= und Forstwirthschaft.	Industrie.	Handel.	
Ostpreußen	1	—	1	Bromberg.
Westpreußen	1	—	1	
Posen	1	1	—	
Pommern	1	—	1	Berlin.
Brandenburg	1	1	—	
Berlin	—	—	1	
Schlesien	1	1	1	Breslau.
Sachsen	1	1	1	Magdeburg.
Hannover	1	1	—	Hannover.
Schleswig=Holstein	1	—	1	Altona.
Westfalen	1	1	1	Cöln.
Rheinprovinz	1	1	1	
Cassel	1	—	—	Frankfurt a. M.
Wiesbaden	—	1	—	
Frankfurt a. M.	—	—	1	

*) Jahrbuch Bd. XV. S. 2. Art. 2.
**) Daselbst S. 85. Art. 19.

§ 2.

Mit der Ausführung dieser Verordnung, welche am 1. Januar 1886 in Kraft tritt und durch die Gesetz=Sammlung zu veröffentlichen ist, wird der Minister der öffentlichen Arbeiten beauftragt.

Urkundlich unter Unserer Höchsteigenhändigen Unterschrift und beigedrucktem Königlichen Insiegel.

Gegeben Berlin, den 9. Dezember 1885.

(L. S.) **Wilhelm.**

Für den Minister für Handel und Gewerbe:

Maybach.   Lucius.   v. Boetticher.

Versicherungswesen.

2.

Statut der Forst=Betriebs=Krankenkasse zu Schleusingen.

Für die Forstarbeiter in den Königlichen Oberförstereien Schleusingen, Hinternah und Erlau.

Name und Sitz der Kasse.

§ 1.

Auf Grund des Statuts für den Kreis Schleusingen vom 8. resp. 12. August 1884 wird in Gemäßheit der Vorschriften des § 60 ff. des Reichsgesetzes vom 15. Juni 1883 für die in den königlichen Oberförstereien Schleusingen, Hinternah und Erlau in der Forstwirthschaft beschäftigten Arbeiter eine Krankenkasse errichtet, welche den Namen

„**Forst-Betriebs-Krankenkasse**"

führt und ihren Sitz in Schleusingen hat.

Zwangsweise Mitgliedschaft.

§ 2.

Alle in den genannten Oberförstereien gegen Gehalt oder Lohn beschäftigten Arbeiter, sofern nicht die Beschäftigung ihrer Natur nach eine vorübergehende oder durch den Arbeitsvertrag im Voraus auf einen Zeitraum von weniger als eine Woche beschränkt ist, gehören mit dem Tage des Eintritts in die Beschäftigung als versicherungspflichtige Mitglieder der Kasse an.

Befreit von diesem Zwange sind:
- a. Betriebs=Beamte,
- b. diejenigen Personen, welche den Nachweis erbringen, daß sie Mitglieder einer den Anforderungen des § 73 des Gesetzes entsprechenden Innungs=Krankenkasse, einer Knappschafts=Kasse oder einer den Anforderungen des § 75 des Gesetzes genügenden Hülfskasse sind.

Als Gehalt oder Lohn gelten auch Tantièmen und Natural=Bezüge.

Auf ihren Antrag sind von der Versicherungspflicht zu befreien Personen, welche im Krankheitsfalle mindestens für dreizehn Wochen auf Fortzahlung des Gehaltes oder des Lohnes Anspruch haben.

Versicherungspflichtige Mitglieder erhalten spätestens am ersten Löhnungstage nach ihrem Eintritt ein Exemplar dieses Statuts. Sie müssen bei der Kasse verbleiben, so lange ihre Beschäftigung in einer der genannten Oberförstereien dauert; können aber mit dem Schluß des Rechnungsjahres austreten, wenn sie den Austritt spätestens drei Monate vorher bei dem Vorstande beantragen und vor dem Schluß des Rechnungsjahres nachweisen, daß sie Mitglieder einer den Anforderungen des § 75 des Reichs-Gesetzes genügenden Hülfskasse geworden sind.

Freiwillige Mitgliedschaft.

§ 3.

1. Alle nicht versicherungspflichtigen Personen, welche in den genannten drei Oberförstereien beschäftigt sind, können der Kasse durch schriftliche oder mündliche Anmeldung bei dem Kassen-Vorstande beitreten, erhalten aber keinen Anspruch auf Unterstützung im Falle einer bereits zur Zeit dieser Anmeldung eingetretenen Erkrankung.

    Der Kassen-Vorstand kann den Gesundheits-Zustand der freiwillig beitretenden Personen ärztlich untersuchen lassen. Ergiebt diese Untersuchung zwar keine bereits eingetretene Erkrankung, aber einen nicht normalen Gesundheits-Zustand, so wird der Anspruch auf Kranken-Unterstützung erst nach Ablauf von sechs Wochen von der bewirkten Anmeldung ab erworben.

    Freiwillig beitretende Personen erhalten vom Vorstande spätestens am ersten Löhnungstage nach der Anmeldung eine Bescheinigung über dieselbe mit einem Exemplar dieses Statuts.

2. Kassen-Mitglieder, welche aus der Beschäftigung in den drei genannten Oberförstereien ausscheiden und nicht zu einer Beschäftigung übergehen, vermöge welcher sie Mitglieder einer anderen Betriebs- (Fabrik-), Orts-, Innungs- oder Bau-Krankenkasse oder einer Knappschafts-Kasse werden, bleiben so lange freiwillige Mitglieder, als sie sich im Gebiete des Deutschen Reiches aufhalten, wenn sie ihre dahingehende Absicht binnen einer Woche dem Kassen-Vorstande anzeigen. Die Zahlung der vollen Kassen-Beiträge zum ersten Fälligkeits-Termine gilt der ausdrücklichen Anzeige gleich.

    Die nach dem Ausscheiden aus der Beschäftigung in einer der drei genannten Oberförstereien bei der Kasse verbliebenen Personen können weder Stimmrechte ausüben, noch Kassen-Aemter bekleiden.

3. Die freiwillige Mitgliedschaft erlischt
    a. durch mündliche oder schriftliche Austritts-Erklärung an den Kassen-Vorstand,
    b. wenn an zwei aufeinanderfolgenden Zahlungs-Terminen nicht die vollen Beiträge geleistet werden.

Eintrittsgeld.

§ 4.

Die der Kasse beitretenden Mitglieder haben ein einmaliges Eintrittsgeld an dieselbe zu entrichten, welches für diejenigen, deren Tagesverdienst 1,50 M. und mehr beträgt, die Hälfte dieses Verdienstes, für alle übrigen 50 Pfg. beträgt, sofern und soweit diese Sätze den Betrag des für sechs Wochen zu leistenden Kassenbeitrages nicht übersteigen. Beträgt der für sechs Wochen zu entrichtende Kassenbeitrag weniger, so wird nur ein Eintrittsgeld in Höhe dieses Betrages erhoben.

Befreit von der Zahlung des Eintrittsgeldes sind diejenigen Mitglieder, welche nachweisen, daß sie innerhalb der ihrer Anmeldung vorhergehenden dreizehn Wochen der Forstkrankenkasse oder einer anderen Krankenkasse angehört oder Beiträge zur Gemeinde-Krankenversicherung geleistet haben.

Ausschluß.

§ 5.

Der Vorstand kann Mitglieder, welche die Kasse wiederholt durch Betrug geschädigt haben, von der Mitgliedschaft ausschließen.

Kranken-Unterstützung für die in den genannten Oberförstereien beschäftigten Mitglieder.

§ 6.

Als Kranken-Unterstützung gewährt die Kasse den in den genannten Oberförstereien beschäftigten Mitgliedern:
1. vom Beginn der Krankheit ab freie ärztliche Behandlung, freie Arznei, sowie Brillen, Bruchbänder und ähnliche Heilmittel;
2. im Falle der Erwerbsunfähigkeit vom dritten Tage nach dem Tage der Erkrankung ab für jeden Arbeitstag ein Krankengeld in Höhe der Hälfte des durchschnittlichen Tagelohnes der Mitglieder.

   Dieser Tagelohn ist zur Zeit festgesetzt:
   a. für männliche Mitglieder über 16 Jahre auf 1,50 Mk.,
   b. für weibliche Mitglieder über 16 Jahre auf 1 Mk.,
   c. für männliche Mitglieder unter 16 Jahren und für Lehrlinge auf 80 Pf.,
   d. für weibliche Mitglieder unter 16 Jahren auf 60 Pf.

Findet eine anderweite Feststellung der vorstehenden Sätze durch die höhere Verwaltungs-Behörde statt, so treten die neuen Sätze an die Stelle der vorstehenden. Dieselben sind durch schriftliche Benachrichtigung der Oberholzhauer und Vorarbeiter bekannt zu machen.

Unter Erkrankungen sind auch Verletzungen einbegriffen. Der Tag der Anmeldung der Krankheit gilt als Tag der Erkrankung, falls nicht ein früherer Tag zweifellos nachgewiesen werden kann.

Das Krankengeld ist postnumerando zu zahlen.

Die Kranken-Unterstützung wird für die Dauer der Krankheit, jedoch höchstens bis zum Ablauf der dreizehnten Woche nach Beginn der Krankheit gewährt.

Kranken=Unterſtützung für nicht im Betriebe beſchäftigte Mitglieder.

§ 7.

Mitglieder, welche nach ihrem Ausſcheiden aus der Beſchäftigung in einer der drei genannten Oberförſtereien bei der Kaſſe verbleiben (§ 3 Ziffer 2), erhalten als Kranken=Unterſtützung:

1. ſo lange ſie ſich im Bezirke der Gemeinden Siegritz, Neuendambach, Rappelsdorf, Gethles, Neuhof, Fiſchbach, Erlau, Altenbambach, Hirſch=bach, Goldlauter, Veſſer, Breitenbach, Schleuſinger=Neundorf, Hinternah, Frauenwald, Steinbach, Langenbach, Schönau aufhalten, die Unter=ſtützung nach § 6;
2. wenn ſie ſich nicht im Bezirke der genannten Gemeinden aufhalten, unter Wegfall der Unterſtützung nach § 6 Ziffer 1 den anderthalbfachen Betrag des Krankengeldes.

Verpflegung im Krankenhauſe.

§ 8.

Der Vorſtand kann an Stelle der Kranken=Unterſtützung der §§ 6 und 7 freie Kur und Verpflegung in einem Krankenhauſe gewähren, und zwar:

1. für diejenigen Mitglieder, welche verheirathet oder Glieder einer Familie ſind, mit ihrer Zuſtimmung oder unabhängig von derſelben, wenn die Art der Krankheit Anforderungen an die Behandlung oder Verpflegung ſtellt, welchen in der Familie des Erkrankten nicht genügt werden kann;
2. für ſonſtige Erkrankte unbedingt.

Hat der in einem Krankenhauſe Untergebrachte Angehörige, deren Unterhalt er bisher aus ſeinem Arbeits=Verdienſte ganz oder größtentheils beſtritten hat, ſo iſt neben der freien Kur und Verpflegung die Hälfte des in den §§ 6 und 7 feſtgeſetzten Krankengeldes zu leiſten.

Unterſtützung der Wöchnerinnen.

§ 9.

Weiblichen Mitgliedern wird im Falle der Entbindung für die erſten drei Wochen nach derſelben das Krankengeld gewährt. Erkrankungen, welche während der Dauer des Wochenbettes eintreten, begründen denſelben Anſpruch auf Unterſtützung wie andere Erkrankungen.

Der Vorſtand kann Wöchnerinnen unter den Vorausſetzungen des § 8 freie Kur und Verpflegung in einem Krankenhauſe oder in einem Aſyl für Wöchnerinnen gewähren; dieſelben haben alsdann nach Maßgabe des § 8 Anſpruch auf Krankengeld.

Allgemeine Pflichten aller Mitglieder bei Krankheitsfällen.

§ 10.

Jede Erkrankung muß alsbald dem betreffenden Revier=Oberförſter angemeldet werden.

Ueber dieſe Anmeldung wird eine Beſcheinigung ausgeſtellt, welche als Legiti=mations=Schein beim Kaſſen=Arzte dient.

Behufs Erlangung des Krankengeldes muß das Mitglied ein vom Kaſſen=Arzte ausgeſtelltes Atteſt vorzeigen, in welchem Beginn und Dauer der Erwerbsunfähigkeit beſcheinigt werden. Erkrankte Perſonen müſſen die Vorſchriften des Arztes gewiſſen=

haft befolgen, sie dürfen keine Arbeiten, welche nach dem Urtheil des Arztes mit ihrem Zustande unverträglich sind, noch sonstige ihrer Genesung hinderliche Handlungen vornehmen. Ohne die auf Antrag des betreffenden Revier-Oberförsters zu ertheilende Erlaubniß des Vorstandes dürfen erkrankte Personen weder öffentliche Lokale, noch Schankstellen besuchen, noch Erwerbsarbeiten vornehmen. Erkrankte Mitglieder, deren Zustand das Ausgehen gestattet, sind verpflichtet, sich behufs Ausstellung des Attestes oder zur ärztlichen Behandlung zum Kassen-Arzt zu begeben.

Sobald ein Mitglied, welches Krankengeld bezieht, wieder erwerbsfähig wird, oder sobald der Arzt eine erkrankte Person für genesen erklärt, ist dem Vorstande hiervon Anzeige zu erstatten. Der Vorstand kann Mitglieder, welche einer der vorstehenden Vorschriften zuwiderhandeln, in eine Strafe bis zu fünf Mark nehmen und außerdem die Kranken-Unterstützung bis auf die gesetzlichen Mindestleistungen entziehen.

Besondere Pflichten der aus der Beschäftigung in den genannten Oberförstereien ausgeschiedenen Mitglieder in Krankheitsfällen.

§ 11.

An Mitglieder der im § 3 Ziffer 2 bezeichneten Art, welche sich nicht im Bezirke der im § 7 genannten Gemeinden aufhalten, erfolgt die Auszahlung des Krankengeldes gegen kostenlose Einlieferung eines von einem approbirten Arzte ausgestellten Krankenscheines, in welchem die Zahl der Tage, während welcher der Erkrankte erwerbsunfähig war, und erstmalig auch der Tag der Erkrankung angegeben sein muß.

Dem erstmaligen Krankenscheine ist eine Bescheinigung der Gemeinde-Behörde des dortigen Aufenthalts-Ortes beizufügen, daß der Erkrankte nicht vermöge seiner derzeitigen Beschäftigung gesetzlich einer anderen Krankenkasse angehört oder thatsächlich einer solchen beigetreten ist.

Das Krankengeld ist bei der Kasse durch einen Bevollmächtigten zu erheben, sofern das Mitglied nicht bei Einsendung des Krankenscheines die Uebersendung des Krankengeldes durch Postanweisung auf seine Kosten beantragt.

Der Vorstand ist befugt, die im Absatze 2 bezeichnete Bescheinigung auch von den im § 3 Ziffer 2 bezeichneten Mitgliedern, welche sich in den im § 7 genannten Gemeindebezirken aufhalten, vor der Auszahlung des Krankengeldes zu fordern und für alle aus der Beschäftigung in den genannten drei Oberförstereien ausgeschiedenen Mitglieder besondere Kontrol-Vorschriften zu erlassen. Die Nichtachtung solcher Kontrol-Vorschriften berechtigt den Vorstand, eine Strafe bis zu fünf Mark zu verhängen und die Zahlung des Krankengeldes zu beanstanden, bis das Recht auf dessen Bezug nachgewiesen ist.

Kürzung der Kranken-Unterstützung wegen Doppelversicherung.

§ 12.

Jedes Mitglied hat bei Vermeidung einer Strafe bis zu fünf Mark binnen sechs Tagen nach dem Beginn der Mitgliedschaft oder der später bewirkten anderweitigen Kranken-Versicherung dem Vorstande Anzeige von seiner anderweiten Versicherung gegen Krankheit zu machen und alle Fragen des Vorstandes über diese anderweite Versicherung gewissenhaft zu beantworten. — Einem Mitgliede, welches gleichzeitig anderweitig gegen Krankheit versichert ist, wird das Krankengeld der

§§ 6 und 7 soweit gekürzt, als dasselbe zusammen mit dem aus anderweiter Versicherung bezogenen Krankengelde den vollen Betrag seines durchschnittlichen Arbeitsverdienstes um ein Fünftel übersteigen würde.

Entziehung und Sistirung der Kranken-Unterstützung.
§ 13.

Der Vorstand ist befugt, denjenigen Mitgliedern, welche sich die Krankheit vorsätzlich oder durch schuldhafte Betheiligung bei Schlägereien oder Raufhändeln, durch Trunkfälligkeit oder durch geschlechtliche Ausschweifungen zugezogen haben, das Krankengeld der §§ 6 und 7 gar nicht oder nur theilweise zu gewähren.

Sterbegeld.
§ 14.

Für den Todesfall eines Mitgliedes wird ein Sterbegeld im zwanzigfachen Betrage des ortsüblichen Tagelohnes gewöhnlicher Tage-Arbeiter gezahlt.

Derselbe ist zur Zeit festgesetzt:
a. für männliche Mitglieder über 16 Jahre auf 1,50 Mk.,
b. für weibliche Mitglieder über 16 Jahre auf 1 Mk.,
c. für männliche Mitglieder unter 16 Jahren auf 80 Pf.,
d. für weibliche Mitglieder unter 16 Jahren auf 60 Pf.

Wird durch die höhere Verwaltungs-Behörde der ortsübliche Tagelohn anderweit festgesetzt, so treten die neuen Sätze an die Stelle der vorstehend aufgeführten. Dieselben sind, wie im § 6 vorgeschrieben, bekannt zu machen.

Das Sterbegeld wird innerhalb drei Tagen nach der an den Vorsitzenden des Vorstandes gemachten Anzeige, welcher eine amtliche Bescheinigung des Todesfalls beizufügen ist, gezahlt an die Wittwe des verstorbenen Mitgliedes oder dessen sonstige nächsten Angehörigen, welche die Beerdigung besorgen.

Unterstützung bei Erwerbslosigkeit.
§ 15.

Mitglieder, welche erwerbslos werden, behalten für die Dauer der Erwerbslosigkeit, jedoch nicht für einen längeren Zeitraum, als sie der Kasse angehört haben und höchstens für drei Wochen ihre Ansprüche auf die gesetzlichen Mindestleistungen der Kasse.

Beiträge.
§ 16.

Die Beiträge werden festgesetzt auf drei Prozent des im § 6 unter 2 festgesetzten durchschnittlichen Tagelohnes.

Die Beiträge sind an jedem Löhnungstage für die abgelaufene Löhnungs-Periode für die in den genannten drei Oberförstereien in der Forstwirthschaft beschäftigten versicherungspflichtigen Mitglieder von der Forstverwaltung zur Kasse abzuführen. Die übrigen Mitglieder haben dieselben in den ersten drei Tagen jeden Monats kostenfrei bei dem Kassenführer einzuzahlen.

Rückständige Beiträge sind auf demselben Wege beizutreiben, auf welchem rückständige Gemeinde-Abgaben beigetrieben werden.

Für die Zeit der Erwerbs-Unfähigkeit werden keine Beiträge erhoben.

Bezüglich der Beitragspflicht wird jede Woche einer Löhnungs=Periode, ohne Rücksicht auf etwaige Feiertage, zu sechs Arbeitstagen gerechnet. Für freiwillige oder unfreiwillige Unterbrechungen der die Mitgliedschaft begründenden Beschäftigung gelten folgende Bestimmungen:

    a. Wird der Betrieb wegen ungünstiger Witterung oder aus anderen Gründen seitens der Forstverwaltung eingestellt oder eingeschränkt, so sind, wenn die Betriebsruhe den Zeitraum von vier aufeinanderfolgenden Werk= tagen überschreitet, während der gesammten Zeit der Betriebsruhe für die unbeschäftigten Arbeiter Beiträge an die Kasse nicht abzuführen und kommt die Vorschrift des § 15 zur Anwendung. Diejenigen Arbeiter, welche sich die Ansprüche an die Kasse über die im § 15 bestimmte Frist hinaus erhalten wollen, haben vom Ablauf der letzteren ab die vollen Beiträge (drei Prozent des durchschnittlichen Tagelohns) zur Kasse zu entrichten.

    b. Wird ein Arbeiter seitens der Forstverwaltung zeitweilig beurlaubt, so hat er für die Urlaubszeit, soweit diese den Zeitraum von vier Werktagen in einem Monat übersteigt, die vollen Beiträge zur Kasse zu zahlen.

    c. Wenn die Urlaubszeit den Zeitraum von vier Werktagen in einem Monat oder die Betriebsruhe den Zeitraum von vier aufeinanderfolgenden Werktagen für den einzelnen Arbeiter nicht übersteigt, werden die Urlaubstage resp. die Tage der Betriebsruhe hinsichtlich der Beitrags= pflicht als Arbeitstage angesehen.

    d. Für die Zeit, für welche die Arbeiter nach a. und b. die vollen Beiträge an die Kasse zu entrichten haben, werden die letzteren von der Forst= verwaltung vorschußweise an diese gezahlt.

§ 17.

Die Forstverwaltung ist berechtigt, bei jeder regelmäßigen Lohnzahlung den versicherungspflichtigen Mitgliedern zwei Drittel der für sie gezahlten Beiträge in Abzug zu bringen, soweit sie auf die Lohnzahlungs=Periode antheilsweise entfallen.

Auf Streitigkeiten zwischen der Forstverwaltung und den von ihr beschäftigten Personen über die Berechnung und Anrechnung der Beiträge der letzteren findet § 120a der Gewerbe=Ordnung Anwendung.

Sonstige Einnahmen der Kasse.

§ 18.

Außer etwaigen freiwilligen Zuwendungen, den in §§ 116 und 118 der Ge= werbe=Ordnung bezeichneten Forderungen und den auf Grund gesetzlicher Bestim= mungen ihr zufallenden Geldstrafen fließen in die Kasse die auf Grund dieses Statuts vom Vorstande und die auf Grund der Hau=Ordnung festgesetzten Strafgelder. Als Strafgelder sind die Ersatzgelder für Beschädigungen nicht anzusehen.

Besondere Rechte der Kasse.

§ 19.

Die Kasse kann unter ihrem Namen Rechte erwerben und Verbindlichkeiten ein= gehen, vor Gericht klagen und verklagt werden.

Für alle Verbindlichkeiten der Kasse haftet dem Kassen-Gläubiger nur das Vermögen der Kasse.

Die den Unterstützungs-Berechtigten gegen die Kasse zustehenden Forderungen können mit rechtlicher Wirkung weder verpfändet, noch übertragen, noch gepfändet und dürfen nur auf geschuldete Beträge aufgerechnet werden.

Kassenführung und Rechnungslage.
§ 20.

Die Forstverwaltung bestellt unter ihrer Verantwortlichkeit und auf ihre Kosten einen Kassenführer, welcher die gesammte Rechnungs- und Kassenführung wahrzunehmen hat.

Die Einnahmen und Ausgaben der Kasse sind von allen den Zwecken der Kasse fremden Vereinnahmungen und Verausgabungen getrennt festzustellen; ihre Bestände sind gesondert zu verwahren.

Der Kassenführer hat über alle Einnahmen und Ausgaben der Kasse ein Kassenbuch zu führen, welches stets vollständig berichtigt sein muß, so daß der Bestand nach demselben jederzeit richtig aufgenommen werden kann. Er stellt den jährlichen Rechnungs-Abschluß und die vorgeschriebenen Uebersichten über die Mitglieder, über Krankheits- und Sterbefälle, über die vereinnahmten Beiträge und die geleisteten Unterstützungen auf, welche sämmtlich vom Vorstand geprüft und festgestellt und der Aufsichts-Behörde eingereicht werden. Das Rechnungsjahr beginnt am 1. Januar und endet am 31. Dezember.

Der Vorstand hat die vom Kassenführer aufgestellte Jahres-Rechnung festzustellen, mit allen Belägen dem Revisions-Ausschuß (§ 31 Nr. 1) zur Prüfung vorzulegen und spätestens bis zum 1. April des nächsten Jahres die Abnahme der Jahres-Rechnung bei der General-Versammlung zu beantragen.

Anlage der Kassengelder.
§ 21.

In der Kasse muß zur Deckung der laufenden Ausgaben stets ein entsprechender Baarbestand vorhanden sein, welcher jedoch der Regel nach den Betrag einer Monats-Ausgabe nicht übersteigen darf. Die hierüber hinausgehenden Bestände müssen auf den Namen der Kasse nach Vorschrift des § 40 des Gesetzes vom 15. Juni 1883 angelegt werden.

Werthpapiere der Kasse, welche nicht lediglich zur vorübergehenden Anlegung zeitweilig verfügbarer Betriebsgelder für die Kasse erworben werden, sind bei der Aufsichts-Behörde oder nach deren Anweisung verwahrlich niederzulegen. Die Hinterlegungs-Scheine darüber sind mit den Kassen-Beständen zu verwahren.

Reservefonds.
§ 22.

Die Kasse hat einen Reservefonds im Mindestbetrage einer durchschnittlichen Jahres-Ausgabe anzusammeln und erforderlichenfalls bis zu dieser Höhe zu ergänzen. So lange der Reservefonds diesen Betrag nicht erreicht, ist demselben mindestens ein Zehntel des Jahres-Betrages der Kassen-Beiträge zuzuführen.

Erhöhung der Beiträge und Ermäßigung der Kassenleistungen.

§ 23.

Ergiebt sich aus den Jahres-Abschlüssen, daß die Einnahmen der Kasse zur Deckung ihrer Ausgaben einschließlich der Rücklagen zur Ansammlung und Ergänzung des Reservefonds nicht ausreichen, so müssen die Beiträge bis auf das Anderthalbfache der im § 16 festgesetzten Sätze erhöht werden.

Werden die gesetzlichen Mindestleistungen der Kasse durch die Beiträge, nachdem diese, soweit sie den versicherungspflichtigen Mitgliedern zur Last fallen, drei Prozent des durchschnittlichen Tagelohnes oder Arbeits-Verdienstes erreicht haben, nicht gedeckt, so hat die Forstverwaltung die zur Deckung derselben erforderlichen Zuschüsse aus eigenen Mitteln zu leisten, für welche Zuschüsse sie auch bei späterem besseren Stand der Kasse keine Rückerstattung fordern kann.

Ermäßigung der Beiträge und Erhöhung der Kassenleistungen.

§ 24.

Ergiebt sich aus den Jahres-Abschlüssen, daß die Jahres-Einnahmen die Jahres-Ausgaben übersteigen, so ist, falls der Reservefonds das Doppelte einer durchschnittlichen Jahres-Ausgabe erreicht hat, entweder eine Ermäßigung der Beiträge oder eine Erhöhung der Kassenleistungen herbeizuführen.

Allgemeine Bestimmung über Beiträge und Kassenleistungen.

§ 25.

Die Mitglieder sind der Kasse gegenüber lediglich zu den durch dieses Statut festgestellten Beiträge verpflichtet. Andere Beiträge dürfen von ihnen nicht erhoben werden.

Zu anderen Zwecken, als den statutmäßigen Unterstützungen, der statutmäßigen Ansammlung und Ergänzung des Reservefonds und der Deckung der Verwaltungskosten dürfen Verwendungen aus dem Vermögen der Kasse nicht erfolgen.

Organe der Kasse.

§ 26.

Organe der Kasse sind der Vorstand und die General-Versammlung.

Zusammensetzung des Vorstandes.

§ 27.

Der Vorstand der Kasse besteht:
a. aus dem Vertreter der Forstverwaltung als Vorsitzenden und dem von der Forstverwaltung zu ernennenden Kassenführer, welcher zugleich Stellvertreter des Vorsitzenden ist;
b. aus fünf von der General-Versammlung ohne Mitwirkung der Vertreter der Forstverwaltung aus der Mitte der stimmberechtigten Kassen-Mitglieder auf die Dauer von zwei Jahren gewählten Beisitzern.

Sobald die für Rechnung der Mitglieder zu zahlenden Beiträge fünf Siebentel der Gesammt-Beiträge übersteigen, ist bei der nächsten Wahl ein sechster Beisitzer und sobald sie sechs Achtel übersteigen, ein siebenter Beisitzer zu wählen.

Die Wahl der Beisitzer kann durch Akklamation erfolgen, sofern nicht aus der Mitte der Wahlversammlung Widerspruch dagegen erhoben wird. In diesem Falle erfolgt die Wahl durch verdeckte Stimmzettel in der Weise, daß jeder Wählende so viele Namen aufschreibt, wie Vorstandsmitglieder zu wählen sind. Gewählt sind diejenigen, welche die meisten Stimmen erhalten. Stimmen, welche auf nicht Wählbare fallen oder die Gewählten nicht deutlich bezeichnen, werden nicht mitgezählt. Bei Stimmengleichheit entscheidet das vom Vorsitzenden zu ziehende Loos.

Die Wahl wird im Auftrage des Vorstandes von dessen Vorsitzenden oder von einem zu diesem Zwecke bestellten Vertreter geleitet. Nur die erste Wahl nach Errichtung der Kasse, sowie spätere Wahlen, bei welchen ein Vorstand nicht vorhanden ist, werden von einem Beauftragten der Aufsichts=Behörde geleitet.

Jedesmal, am 1. Januar, vom 1. Januar 1886 ab, scheiden abwechselnd drei und zwei Beisitzer aus. Die drei Beisitzer, welche zuerst ausscheiden, werden durch das Loos bestimmt. Die Neuwahl findet im Dezember statt. Die Gewählten treten ihr Amt am 1. Januar des folgenden Jahres an. Bis zum Eintritt derselben haben die Ausscheidenden ihr Amt weiter zu führen.

Scheiden mehr wie zwei Beisitzer vor Ablauf ihrer Amtsdauer aus, so muß alsbald eine General=Versammlung zur Ersatzwahl für alle ausgeschiedenen Beisitzer berufen werden. Die Amtsdauer der Ersatzmänner erlischt mit dem Jahre, mit welchem diejenige der ausgeschiedenen Beisitzer erloschen sein würde.

Ueber jede Wahlverhandlung ist ein Protokoll aufzunehmen.

Der Vorstand hat über jede Aenderung in seiner Zusammensetzung und über das Ergebniß jeder Wahl der Aufsichts=Behörde binnen einer Woche Anzeige zu erstatten.

Ist die Anzeige nicht erstattet, so kann jede Aenderung dritten Personen nur dann entgegengesetzt werden, wenn bewiesen wird, daß sie letzteren bekannt war.

Rechte und Pflichten des Vorstandes.

§ 28.

Der Vorstand vertritt die Kasse gerichtlich und außergerichtlich. Diese Vertretung erstreckt sich auch auf diejenigen Geschäfte und Rechtshandlungen, für welche nach den Gesetzen eine Spezial=Vollmacht erforderlich ist.

Verträge werden Namens der Kasse von dem Vorsitzenden des Vorstandes und zwei Beisitzern vollzogen. Bei allen übrigen Rechtsgeschäften und Erklärungen vertritt der Vorsitzende den Vorstand nach außen. Die Legitimation des Vorstandes oder seines Vorsitzenden bei allen Rechtsgeschäften wird durch eine Bescheinigung der Aufsichtsbehörde bewirkt.

Der Vorstand verwaltet alle Angelegenheiten der Kasse, soweit dieselben nicht durch Gesetz oder Statut ausdrücklich der General=Versammlung übertragen sind.

Der Vorsitzende beruft den Vorstand, so oft dies die Lage der Geschäfte erfordert. Er muß den Vorstand binnen zehn Tagen berufen, wenn drei Beisitzer dies beantragen. Die Berufung erfolgt schriftlich. Der Vorsitzende kann ein Vorstands=Mitglied, welches ohne genügende Entschuldigung aus der Vorstandssitzung wegbleibt, oder zu spät erscheint, in eine Ordnungsstrafe bis zu drei Mark nehmen. Der Vorstand ist beschlußfähig, wenn der Vorsitzende oder sein Stellvertreter und mindestens drei Beisitzer anwesend sind. Die Beschlüsse werden mit einfacher Stimmenmehrheit gefaßt, bei Stimmengleichheit entscheidet der Vorsitzende. Die Beschlüsse sind in einem besonderen Buche zu protokolliren.

Jedem Vorstands-Mitgliede steht das Recht zu, sich durch Krankenbesuche von dem Gesundheitszustand der als krank gemeldeten Personen zu überzeugen. Auch kann der Vorstand besondere Kranken-Kontroleure bestellen.

Die von den Vertretern der Kassenangehörigen gewählten Vorstands-Mitglieder versehen ihr Amt unentgeltlich. Die Mitglieder des Vorstandes haften der Kasse für pflichtmäßige Verwaltung wie Vormünder ihren Mündeln.

Zusammensetzung der General-Versammlung.
§ 29.

Die General-Versammlung besteht aus Vertretern der Kassen-Mitglieder und der Forstverwaltung.

Für die Wahl der ersteren werden sämmtliche Kassen-Mitglieder nach ihren Wohnorten in die am Schlusse bezeichneten Abtheilungen eingetheilt. Sinkt die Anzahl der Mitglieder einer Abtheilung unter fünf, so ist diese Abtheilung mit der nächstbelegenen zu vereinigen.

Für jede Abtheilung wird in gesonderter Wahlhandlung auf je zehn Mitglieder ein Vertreter gewählt. Ist die Zahl der Mitglieder nicht durch zehn theilbar, so ist für die überschießende Zahl, wenn dieselbe fünf oder mehr beträgt, ein weiterer Vertreter zu wählen.

Die Zahl der von jeder Abtheilung zu wählenden Vertreter ist bei der Berufung der Wahlversammlung, welche drei Tage vor dem Wahltermin durch schriftliche Bekanntmachung an die Oberholzhauer und Vorarbeiter erfolgen muß, anzugeben.

Wahlberechtigt und wählbar sind die großjährigen, im Besitz der bürgerlichen Ehrenrechte befindlichen Kassen-Mitglieder mit Ausschluß derjenigen, welche der Kasse auf Grund des § 3 Ziffer 2 angehören.

Die Wahl erfolgt nach Maßgabe der Bestimmungen im § 27 Absatz 3 und 4.

Am Schlusse jeden Kalenderjahres, zuerst am 31. Dezember 1885, scheidet die Hälfte der Vertreter aus. Die erstmalig Ausscheidenden werden durch das Loos bestimmt. Die Neuwahlen finden im Dezember für das folgende Kalenderjahr statt.

Scheidet ein Vertreter vor Ablauf seiner Amtsdauer aus, so findet durch die Abtheilung, von welcher er gewählt war, für die übrige Zeit der Amtsdauer eine Neuwahl statt.

In der General-Versammlung führt jeder Vertreter der Kassen-Mitglieder eine Stimme. Die Vertreter der Forstverwaltung führen zusammen für je zwanzig in den genannten drei Oberförstereien beschäftigte versicherungspflichtige Kassen-Mitglieder eine Stimme, höchstens jedoch ein Drittel sämmtlicher Stimmen.

Geschäfts-Ordnung der General-Versammlung.
§ 30.

Die General-Versammlung wird vom Vorstande unter Angabe der Verhandlungs-Gegenstände durch eine mindestens drei Tage vorher zu bewirkende schriftliche Benachrichtigung der Ober-Holzhauer und Vorarbeiter berufen.

Ordentliche General-Versammlungen finden statt:
1. im Dezember jeden Jahres zur Vornahme der Wahl des Revisions-Ausschusses und der erforderlichen Neuwahlen für den Vorstand,
2. im April jeden Jahres zur Beschlußfassung über die Abnahme der Jahres-Rechnung.

Außerordentliche General-Versammlungen beruft der Vorstand nach Bedürfniß. Die Berufung der General-Versammlung muß binnen vier Wochen erfolgen, wenn der fünfte Theil ihrer Mitglieder es beantragt.

Jede vorschriftsmäßig berufene General-Versammlung ist beschlußfähig.

Die Leitung der General-Versammlung steht dem Vertreter der Forstverwaltung zu.

Beschlüsse der General-Versammlung werden, soweit für einzelne Gegenstände durch dieses Statut nicht etwas Anderes bestimmt ist, mit einfacher Stimmen-Mehrheit der in der Versammlung vertretenen Stimmen gefaßt. Bei Stimmen-Gleichheit entscheidet die Stimme des Vorsitzenden.

§ 31.

Außer den von ihr vorzunehmenden Wahlen zum Vorstande liegt der General-Versammlung ob:

1. Die Abnahme der Jahresrechnung und die Wahl eines Revisionsausschusses von drei Personen, welche nicht Kassen-Mitglieder zu sein brauchen, zur Prüfung der Jahresrechnung;
2. Beschlußnahme über die Verfolgung von Ansprüchen, welche der Kasse gegen Vorstands-Mitglieder aus deren Amtsführung erwachsen, und die Wahl der damit zu beauftragenden Personen;
3. die Beschlußnahme über Abänderung der Statuten, namentlich auch über Abänderung der Unterstützungen und Beiträge, soweit sie nicht statutenmäßig in Folge einer veränderten Festsetzung der durchschnittlichen Tagelöhne eintreten.
4. Beschlußnahme über Anträge der Forstverwaltung auf Auflösung der Kasse.

Bei der Beschlußnahme und bei den Wahlen zu 1 und 2 ruhen die Stimmen der Vertreter der Forstverwaltung. Die Verhandlungen können in Abwesenheit derselben von einem von der General-Versammlung aus ihrer Mitte zu wählenden Vorsitzenden geleitet werden, wenn es von drei Vertretern beantragt wird. Im Uebrigen finden auf die Vornahme der erforderlichen Wahlen die Bestimmungen in § 27 Absatz 3 Anwendung.

Die Auflösung der Kasse kann nur mit zwei Drittel der vertretenen Stimmen beschlossen werden.

Streitigkeiten.

§ 32.

Streitigkeiten, welche zwischen den Mitgliedern oder der Forstverwaltung einerseits und der Kasse andererseits über die Verpflichtung zur Leistung oder Einzahlung von Beiträgen oder über Unterstützungs-Ansprüche entstehen, werden von der Aufsichts-Behörde entschieden. Gegen die Entscheidung findet binnen zwei Wochen nach deren Zustellung die Berufung auf den Rechtsweg mittelst Erhebung der Klage statt. Die Entscheidung ist vorläufig vollstreckbar, soweit es sich um Streitigkeiten handelt, welche Unterstützungs-Ansprüche betreffen.

Beaufsichtigung der Kasse.

§ 33.

Die Aufsicht über die Kasse wird unter Ober-Aufsicht des Regierungs-Präsidenten zu Erfurt durch den Forstmeister des Forstinspektionsbezirks Erfurt-Schleusingen wahrgenommen.

Vorstehendes Statut ist von der Forstverwaltung nach Anhörung der in den drei Oberförstereien Schleusingen, Hinternah und Erlau in der Forstwirthschaft beschäftigten Arbeiter aufgestellt worden und tritt am 12. Februar 1885 in Kraft.

Auf Grund des Erlasses des Herrn Ministers für Landwirthschaft, Domänen und Forsten vom 24. v. Mts. (III. 3948) wird das vorstehende Betriebs-Krankenkassen-Statut hierdurch genehmigt.

Erfurt, den 13. Mai 1885.

Der Regierungs-Präsident.

J. V.:

v. Tschoppe.

Forst-Betriebs-Kranken-Kasse zu Schleusingen.

Abtheilung.	Ortschaft.	Oberförstereien			Summa.	Anzahl der zu wählenden Vertreter.
		Schleusingen.	Hinternah.	Erlau.		
		Zahl der Arbeiter.				
1	Siegritz	5	—	—	5	1 Vertreter.
1	Neuendambach	8	—	—	8	
2	Rappelsdorf	7	—	—	7	1 "
2	Gethles	4	—	—	4	
2	Neuhof	2	—	—	2	
3	Fischbach	5	—	—	5	2 "
3	Erlau	6	—	12	18	
4	Altendambach	16	—	11	27	3 "
5	Hirschbach	—	—	18	18	2 "
6	Goldlauter	—	—	3	3	1 "
6	Vesser	—	—	3	3	
7	Breitenbach	—	20	24	44	4 "
8	Schleusingen-Neundorf	—	20	—	20	2 "
9	Hinternah	—	11	—	11	1 "
10	Frauenwald	—	13	—	13	1 "
11	Steinbach	—	13	—	13	2 "
11	Langenbach	—	6	—	6	
12	Schönau	—	13	—	13	1 "
	Summa	53	96	71	220	21 Vertreter.

Verwaltungs- und Schutz-Personal. Gehalte und Emolumente, Pensionirungen, Alters-, Wittwen- und Waisen-Versorgung.

3.

Die Stellvertretung der Forstschutzbeamten in Krankheits- oder sonstigen Behinderungsfällen betr.

Circ.-Verfg. des Ministers für Landwirthschaft 2c. an sämmtliche Königliche Regierungen mit Ausschluß derjenigen zu Aurich und Sigmaringen. III. 11141.

Berlin, den 28. September 1885.

Nach Inhalt der Circular-Verfügung vom 12. Februar 1867 (II b 691)*) ist zu der mit Kosten verbundenen, länger als 3 Monate andauernden Stellvertretung etatsmäßiger Forstschutzbeamten in Krankheits- oder sonstigen Behinderungsfällen meine Genehmigung erforderlich. Zur Verminderung des Schreibwerkes bestimme ich, daß bei einer durch Krankheit veranlaßten Vertretung meine Genehmigung künftig nur dann einzuholen ist, wenn die Vertretung länger als 6 Monate erforderlich wird.

Die vorstehende Erweiterung der Befugnisse der Königlichen Regierungen findet auch auf die Forsthülfsaufseher sinngemäße Anwendung. Demnach wird die einschlägige Bestimmung in der Circular-Verfügung vom 12. Februar 1867 dahin erweitert, daß die Königlichen Regierungen in Zukunft ermächtigt sind, nach Ihrem Ermessen den Forsthülfsaufseher in Krankheitsfällen noch auf 6 Monate, vom Beginn der Krankheit an gerechnet, die bewilligten Diäten fortzahlen zu lassen.

Der Minister für Landwirthschaft, Domänen und Forsten.
Lucius.

Geschäfts-, Kassen- und Rechnungswesen.

4.

Zurücknahme der Genehmigung zur Mitwirkung Königl. Kassen bei Annahme und Abführung von Mitgliederbeiträgen der Beamtenvereine, Versicherungsgesellschaften etc.

Circ.-Verfg. des Ministers des Innern und der Finanzen an sämmtliche Königl. Regierungen.

Berlin, 22. Juli 1885.

Wir haben beschlossen, in Zukunft eine Mitwirkung der Königlichen Kassen bei der Annahme und Abführung von Mitgliederbeiträgen für Beamtenvereine, Versicherungsgesellschaften, Sterbekassen und ähnliche private Anstalten, mit Ausnahme des Brandversicherungsvereins Preußischer Forstbeamten und des Deutschen Offiziervereins, nicht mehr stattfinden zu lassen und die früher zu dergleichen Nebengeschäften etwa ertheilte Genehmigung zurückzunehmen. Die 2c. wird hiervon mit dem Auftrage in Kenntnißnahme gesetzt, die Ihr unterstellten Behörden und Kassen mit entsprechender Anweisung zu versehen.

Der Minister des Innern.
In Vertretung: Herrfurth.

Der Finanz-Minister.
v. Scholz.

---

*) S. Jahrbuch Bd. I. S. 7. Art. 6.

5.

Uebernahme des Portos für erforderte Berichte von Beamten, welche ihre Person betreffen, auf die Staatskasse.

Circ.-Verfg. des Ministers für Landwirthschaft 2c. an sämmtliche Königl. Regierungen, ausschließlich derjenigen zu Sigmaringen, an die Königl. Ministerial-Militair- und Baukommission hierselbst und an die Herren Direktoren der Königlichen Forst-Akademien zu Eberswalde und Münden. II. 5642.

Berlin, den 24. Oktober 1885.

Von dem Herrn Minister des Innern ist durch die Verfügung vom 25 Juli cr. (a) für sein Ressort angeordnet worden, daß für alle von den Staatsbeamten zu erstattenden Berichte, Anzeigen und Meldungen, welche ihre Person betreffen und von der vorgesetzten Dienstbehörde lediglich aus dienstlichen Rücksichten angeordnet sind, das Porto von der Staatskasse zu tragen ist.

Diese Bestimmung ist gleichmäßig auch bei der Domänen- und Forstverwaltung zur Anwendung zu bringen.

Der Minister für Landwirthschaft, Domänen und Forsten.

Lucius.

a.

Berlin, den 25. Juli 1885.

Unter Bezugnahme auf die über die geschäftliche Behandlung der Postsendungen in Staatsdienst-Angelegenheiten erlassenen Verfügungen vom 22. und 30. Dezember 1869. (Minist.-Bl. f. d. innere Verwaltg. pro 1870 S. 2 ff.) will ich im Einverständnisse mit dem Herrn Finanz-Minister für mein Ressort hierdurch bestimmen, „daß für alle von den Staatsbeamten und Gendarmen zu erstattenden Berichte, Anzeigen und Meldungen, welche ihre Person betreffen und von der vorgesetzten Dienstbehörde lediglich aus dienstlichen Rücksichten angeordnet sind, das Porto von der Staatskasse zu tragen ist."

Der Minister des Innern.

In Vertretung: Herrfurth.

Forstabschätzungs- und Vermessungswesen. Grenz-Revisionen.

6.

Die Veröffentlichungen der Höhenbestimmungen der Königlich Preußischen Landesaufnahme betr.

Circ.-Verfg. des Ministers für Landwirthschaft 2c. an sämmtliche Königliche General-Kommissionen, an die Königliche Regierung zu Wiesbaden, an die Königliche landwirthschaftliche Hochschule hierselbst, an die Königliche landwirthschaftliche Akademie zu Poppelsdorf bei Bonn, an die Königlichen Forstakademien zu Eberswalde und Münden, an sämmtl. Meliorations-Bauinspektoren. I. 17222. III. 13921.

Berlin, den 3. Dezember 1885.

. . . . übersende ich anliegend Abschrift eines Cirkular-Erlasses des Herrn Ministers der öffentlichen Arbeiten vom 11. Oktober d. J., (a) betreffend die Veröffentlichungen der Höhenbestimmungen der Königlich Preußischen Landesaufnahme, zur gefälligen Kenntnißnahme und Nachachtung.

Der Minister für Landwirthschaft, Domänen und Forsten.

Lucius.

a.

Berlin, den 11. Oktober 1885.

Es hat sich herausgestellt, daß von den durch den Ingenieur und Landmesser Müller-Köpen hierselbst herausgegebenen und durch meinen Cirkular-Erlaß vom 21. Juni 1880 (III 9211, II 7982, IV 3362, I 3122) zur Anschaffung und Benutzung empfohlenen „Höhenbestimmungen der Königlich Preußischen Landes-Aufnahme" das die Provinz Rheinland betreffende Heft fast nur solche Zahlen enthält, welche in ihrer endgültigen Feststellung durch die Königliche Landes-Aufnahme einer Abänderung unterzogen worden, mithin für den Gebrauch nicht mehr geeignet sind. Der 2c. Müller-Köpen hat daher die „Höhenbestimmungen der Königlich Preußischen Landesaufnahme in der Provinz Rheinland" in einer zweiten, berichtigten und erweiterten Auflage erscheinen lassen, welche überall an Stelle der etwa beschafften ersten nicht weiter verwendbaren Auflage zu beschaffen und in den Gebrauch zu nehmen ist.

Dieser Fall veranlaßt mich, im Allgemeinen zu bemerken, daß die Königlich Preußische Landes-Aufnahme eine Gewähr für die Richtigkeit der Müller-Köpen'schen Veröffentlichungen nicht übernimmt, vielmehr ausschließlich die von ihr selbst veröffentlichten, in der Hofbuchhandlung von E. S. Mittler & Sohn hierselbst erscheinenden Höhenbestimmungen als maßgebend anerkennt. Bei wichtigeren Nivellements-Anschlüssen oder bei entstehenden Zweifeln wird daher auf die letzteren zurückgegangen werden müssen, und bestimme ich, daß, sofern sich hierbei Abweichungen der Müller-Köpen'schen Zahlen von den Originalzahlen ergeben sollten, mir hierüber unter Angabe der vorgefundenen Unrichtigkeit Anzeige zu erstatten ist.

Der Minister der öffentlichen Arbeiten.

Im Auftrage:

gez. Schultz.

An die Königlichen Regierungs-Präsidenten bezw. Regierungen, den Königlichen Polizei-Präsidenten und die Königliche Ministerial-Baukommission hierselbst, an die Königlichen Eisenbahn-Direktionen bezw. das Königliche Eisenbahn-Kommissariat hierselbst, an die Königlichen Ober-Bergämter, an die Königliche geologische Landesanstalt hierselbst. III 15320. II a 16813. IV 2016. I 5541.

7.

Verfahren bei der neuen Anlegung des Abschnittes A des Controlbuches.

Bescheid an die Königliche Regierung zu Königsberg und abschriftlich zur Kenntnißnahme an die übrigen Königlichen Regierungen. III. 14128.

Berlin, den 10. Dezember 1885.

Auf die Anfrage vom 1. Dezember 1885 (3439/7. III), betreffend das Verfahren bei der neuen Anlegung des Abschnittes A des Controlbuches, erwiedere ich der Königlichen Regierung, daß die Bestimmung unter c auf der ersten Seite der Anweisung zur Anlegung und Führung des Controlbuches vom 6. Juni 1875*)

---

*) Jahrb. Bd. VIII. S. 36. Art. 35.

auch gegenwärtig noch in Kraft ist. Es wird aber von der Ermächtigung, für selbstständige Controlfiguren nur eine halbe Seite zu bestimmen, überall dann Gebrauch zu machen sein, wenn in denselben Hauptnutzungen während der ersten Wirthschaftsperiode voraussichtlich gar nicht oder nur in beschränktem Umfange erfolgen werden. Es gilt dies auch für den Fall, daß die betreffende Wirthschaftsfigur (Jagen oder Distrikt) nur eine Abtheilung enthält.

Der Minister für Landwirthschaft, Domänen und Forsten.
Lucius.

Bauwesen.

8.
Anderweite Regelung des Verdingungswesens betr.

Circ.-Verfg. des Ministers für Landwirthschaft c. an sämmtliche Königliche Regierungen, die Königliche Ministerial-Baukommission hier und an die Herren Directoren der Königl. Forstakademien zu Eberswalde und Münden. II 4256.

Berlin, den 26. September 1885.

Durch die Cirkularverfügung vom 17. Juli cr. (II a (b) 12252. III 12142 I 3763) (a) sind Seitens des Herrn Ministers der öffentlichen Arbeiten, unter Aufhebung der unterm 24. Juni 1880 getroffenen desfalsigen Bestimmungen, für den Bereich seines Ressorts.

1. anderweite allgemeine Bestimmungen, betreffend die Vergebung von Leistungen und Lieferungen, nebst Bedingungen für die Bewerbung um Arbeiten und Lieferungen,
2. allgemeine Vertrags-Bedingungen für die Ausführung von Hochbauten

festgestellt werden.

Mit Bezug auf meine Cirkularverfügung vom 20. September 1880 $\left(\frac{\text{II. } 8456}{\text{III. } 6170}\right)$*) veranlasse ich die Königliche Regierung (Ministerial-Baukommission), diese anderweiten allgemeinen Bestimmungen und Vertragsbedingungen auch bei der Domänen- und der Forstverwaltung mit der Maßgabe zur Anwendung zu bringen, daß in den bestehenden Vorschriften, nach welchen Bauten für fiskalische Rechnung auf verpachteten Domänen-Vorwerken den Domänenpächtern, sowie in Königlichen Forsten und auf den dazu gehörigen Dienstetablissements unter gewissen Verhältnissen an Forstbeamte zur Ausführung überlassen werden können, hierdurch nichts geändert wird.

Sollten in einzelnen Fällen Abweichungen von den durch den Herrn Minister der öffentlichen Arbeiten getroffenen Anordnungen geboten erscheinen, so ist darüber besonders an mich zu berichten.

Der Minister für Landwirthschaft, Domänen und Forsten.
In Vertretung:
Marcard.

---

*) S. Jahrb. Bd. XIII. S. 71. Art. 21.

a.

Erlaß des Ministers der öffentlichen Arbeiten betreffend das Verdingungswesen, vom 17. Juli 1885.

An Stelle der durch Erlaß vom 24 Juni 1880*) eingeführten „Allgemeinen Bestimmungen, betreffend die Vergebung von Leistungen und Lieferungen im Bereiche des Ministeriums der öffentlichen Arbeiten" treten die nachstehenden anderweit festgestellten „Allgemeinen Bestimmungen, betreffend die Vergebung von Leistungen und Lieferungen" in Kraft.

An Stelle der durch Erlaß von demselben Tage den Provinzialbehörden zugefertigten „Allgemeinen Bedingungen, betreffend die Ausführung von Arbeiten und Lieferungen bei den Hochbauten der Staatsverwaltung" sind die nachstehend unter II folgenden „Allgemeinen Vertragsbedingungen für die Ausführung von Hochbauten" in Anwendung zu bringen.

Die durch denselben Erlaß mitgetheilten „Submissionsbedingungen für die öffentliche Vergebung von Arbeiten und Lieferungen bei den Hochbauten der Staatsverwaltung" kommen mit Rücksicht auf die unter II. 5. der Allgemeinen Bestimmungen festgestellten „Bedingungen für die Bewerbung um Arbeiten und Lieferungen" in Wegfall.

Der Erlaß vom 5. August 1880 betreffend das Verfahren des Abbietens nach Prozenten, wird aufgehoben.

Im Uebrigen wird Folgendes bemerkt:

1. Bei Lieferungen darf ein bestimmter Produktionsort nicht vorgeschrieben, insbesondere nicht der ausländische Ursprung der Waare zur Bedingung gemacht werden.
2. Die genaue Beachtung der Vorschrift unter II. 1. Abs. 7 der Allgemeinen Bestimmungen ist im Interesse der Staatskasse geboten, insofern die Beschaffung von Waaren, welche in Abmessung und Beschaffenheit von den im Handel üblichen abweichen, mit besonderen Schwierigkeiten verbunden und deshalb in der Regel nur gegen Bewilligung höherer Preise zu erreichen sein wird.
3. Der Aufnahme einer Bemerkung über den Vorbehalt der Auswahl unter mehreren Mindestfordernden oder unter sämmtlichen Bewerbern in die Bekanntmachungen, welche bezüglich öffentlicher Ausschreibungen erlassen werden, bedarf es nicht.
4. Für die Ermittelung des Mindestgebotes bei Lieferungen für die Eisenbahnverwaltung — mit Rücksicht auf die frachtfreie oder zu ermäßigten Sätzen erfolgende Beförderung des Eisenbahndienstgutes — sind die Bestimmungen des an die Königlichen Eisenbahndirektionen gerichteten Erlasses vom 20. April 1885 maßgebend.
5. Diejenigen Fälle, in welchen bei einem öffentlichen oder engeren Ausschreibungsverfahren die gewählten Unternehmer nicht die Mindestfordernden waren, sind in einer besonderen Anlage zu der Abnahmeverhandlung über die betreffende Rechnung zusammenzustellen, wobei die Stellung der Forderungen dieser Unternehmer zu den abgegebenen Minderforderungen zu bezeichnen ist und kurz die Gründe anzugeben sind, welche für die Wahl

---

*) Jahrb. Bd. XIII. S. 71. Art. 21.

der betreffenden Unternehmer unter Ausschluß der Minderfordernden ausschlaggebend waren.

6. Sofern Aenderungen der Allgemeinen Vertragsbedingungen für die Ausführung von Hochbauten in Fällen, in welchen nicht ausdrücklich eine abweichende Regelung durch die besonderen Vertragsbedingungen als zulässig bezeichnet ist, angezeigt erscheinen, ist meine Genehmigung dazu einzuholen.

Mit Bezug auf § 14. letzter Absatz der Allgemeinen Vertragsbedingungen für die Ausführung von Hochbauten steht nichts entgegen, auch ferner eine ständige Unterkasse der Kasse der bauleitenden Behörde durch die besonderen Vertragsbedingungen zur zahlenden Kasse zu bestimmen. Die Zahlungsleistung durch eine Spezialbaukasse darf dagegen, wie ich mit Bezug auf den Erlaß vom 21. April 1881 und den nur an die Königlichen Eisenbahndirektionen gerichteten Erlaß vom 12. November 1881 bemerke, nur bei Bauten von neuen Eisenbahnen zugesichert werden. In allen andern Fällen bedarf es hierzu meiner Genehmigung.

7. Die Frage, ob ein zur Kautionsbestellung angebotener Wechsel als sicher zu erachten, ist von der zuständigen Behörde unter sorgfamer Erwägung aller in dem gegebenen Falle in Betracht kommenden Umstände — insbesondere mit Rücksicht auf die Höhe der Wechselsumme und die Dauer der durch die Kaution zu sichernden Verpflichtungen sowie die Kreditwürdigkeit der Wechselverpflichteten — nach pflichtmäßigem Ermessen zu entscheiden.

8. In den der Verdingung von Bauten zu Grunde zu legenden Verdingungsanschlägen ist, soweit erforderlich, auch über die für die Berechnung der ausgeführten Leistungen in Anwendung zu bringenden Grundsätze (bezüglich der Stärke der Backsteinmauern, Durchführung von Dezimalstellen 2c.) Bestimmung zu treffen.

An die Königlichen Eisenbahn=Direktionen, die Königlichen Regierungspräsidenten, die Königlichen Regierungen, die Königliche Ministerial=Baukommission, die Königlichen Oberbergämter, sowie zur Kenntnißnahme und gleichmäßigen Beachtung an die Königlichen Oberpräsidenten der Provinzen Sachsen, Schlesien, der Rheinprovinz und Westpreußen.

I.

Allgemeine Bestimmungen betreffend die Vergebung von Leistungen und Lieferungen.

Inhalts=Uebersicht.

I. Arten der Vergebung.

II. Verfahren bei Ausschreibungen.

1. Gegenstand der Ausschreibung. — 2. Bekanntmachung der Ausschreibung. — 3. Bestimmung des Eröffnungstermins. — 4. Zuschlagsfrist. — 5. Bedingungen für die Bewerbung um Arbeiten und Lieferungen. — 6. Termin zur Eröffnung der Angebote. — 7. Zuschlagsertheilung.

III. Form und Fassung der Verträge.

1. Form der Verträge. — 2. Fassung der Verträge.

IV. Inhalt und Ausführung der Verträge.

1. Zahlung. — 2. Sicherheitstellung. — 3. Mehr= oder Minderaufträge. — 4. Konventionalstrafen. — 5. Kontrole der Ausführung. — 6. Meinungsverschiedenheiten. — 7. Kosten und Stempel der Verträge.

Anlage: Bedingungen für die Bewerbung um Arbeiten und Lieferungen.

I. Arten der Vergebung.

Leistungen und Lieferungen sind in der Regel öffentlich auszuschreiben.

Mit Ausschluß der Oeffentlichkeit zu engerer Bewerbung können ausgeschrieben werden:
1. Leistungen und Lieferungen, welche nur ein beschränkter Kreis von Unternehmern in geeigneter Weise ausführt;
2. Leistungen und Lieferungen, bezüglich deren in einer abgehaltenen öffentlichen Ausschreibung ein geeignetes Ergebniß nicht erzielt worden ist.

Unter Ausschluß jeder Ausschreibung kann die Vergebung erfolgen:
1. bei Gegenständen, deren überschläglicher Werth den Betrag von 1000 M. nicht übersteigt;
2. bei Dringlichkeit des Bedarfs;
3. bei Leistungen und Lieferungen, deren Ausführung besondere Kunstfertigkeit erfordert;
4. bei Nachbestellung von Materialien zur Ergänzung des für einen bestimmten Zweck ausgeschriebenen Gesammtbedarfs, sofern kein höherer Preis vereinbart wird, als für die Hauptlieferung.

II. Verfahren bei Ausschreibungen.

1. Gegenstand der Ausschreibung.

Der Gegenstand der Ausschreibung ist in allen wesentlichen Beziehungen bestimmt zu bezeichnen.

Ueber alle für die Preisberechnung erheblichen Nebenumstände sind vollständige, eine zutreffende Beurtheilung der Bedeutung derselben ermöglichende, Angaben zu machen.

Für Bauarbeiten sind zur Verabfolgung an die Bewerber bestimmte Verdingungs-Anschläge aufzustellen, in welchen sämmtliche Hauptleistungen sowie die erheblicheren Nebenleistungen in besonderen Positionen aufzuführen sind.

Dieselben dürfen von der Behörde ermittelte Preisansätze nicht enthalten.

Die Zeitperioden für Lieferungen zur Deckung eines fortlaufenden Bedarfs sind nach den besonderen Verhältnissen des einzelnen Falles zu bemessen.

Umfangreichere Ausschreibungen sind derart zu zerlegen, daß auch kleineren Gewerbetreibenden und Handwerkern die Betheiligung an der Bewerbung ermöglicht wird. Bei größeren Hochbauten hat daher die Vergebung nach den einzelnen Titeln des Anschlages — den verschiedenen Gewerbs- und Handwerkszweigen entsprechend — zu erfolgen. Besonders umfangreiche Anschlagstitel sind in mehrere Loose zu theilen.

Bezüglich der Beschaffenheit zu liefernder Waaren und der Abmessung zu liefernder Gegenstände sind ungewöhnliche, im Handel nicht übliche, Anforderungen nur insoweit zu stellen, als dies unbedingt nothwendig ist.

Ist bei Lieferungen von Fabrikaten der Kenntniß der Bezugsquelle (der Fabrik) eine besondere Bedeutung für die Beurtheilung der Güte beizumessen, so ist von dem Bewerber die Namhaftmachung des Fabrikanten, von welchem die Waaren bezogen werden sollen, zu verlangen.

Für die Ausführung der Arbeiten oder Lieferungen sind ausreichend bemessene Fristen zu bewilligen.

Muß bei dringendem Bedarf die Frist für eine Lieferung ausnahmsweise kurz gestellt werden, so ist die besondere Beschleunigung nur für die zunächst erforderliche Menge vorzuschreiben.

2. Bekanntmachung der Ausschreibung.

Bei der Bekanntmachung öffentlicher Ausschreibungen durch die Zeitungen sind die bezüglich der Benutzung amtlicher Blätter ergangenen Vorschriften zu beachten.

Die Bekanntmachungen müssen in gedrängter Form diejenigen Angaben vollständig enthalten, welche für die Entschließung der Interessenten, ob sie einer Betheiligung an der Bewerbung näher treten wollen, von Wichtigkeit sind. Insbesondere sind darin aufzuführen:

Gegenstand und Umfang der Leistung oder Lieferung nach den wesentlichsten Beziehungen,

wobei die Theilung des Gegenstandes nach Handwerkszweigen, Loosen 2c. hervorzuheben ist;

der Termin zur Eröffnung der Angebote;

die für den Zuschlag vorbehaltene Frist;

der Preis der Verdingungsanschläge, Zeichnungen, Bedingungen 2c.

und die Gelegenheit für die Einsichtnahme und den Bezug derselben.

Die Insertionskosten werden von der ausschreibenden Behörde getragen.

3. Bestimmung des Eröffnungstermins.

Um den Bewerbern die nothwendige Zeit zur sachgemäßen Vorbereitung der Angebote zu gewähren, ist — vorbehaltlich einer durch besondere Umstände gebotenen größeren Beschleunigung — der Termin zur Eröffnung bei kleineren Arbeiten und leicht zu beschaffenden Lieferungen unter Bestimmung einer Frist von 14 Tagen, bei größeren Arbeiten mit einer solchen von 4—6 Wochen anzuberaumen.

4. Zuschlagsfrist.

Die Zuschlagsfristen sind in allen Fällen, insbesondere aber bei Lieferungen solcher Materialien, deren Preise häufigen Schwankungen unterliegen, möglichst kurz zu bemessen.

Dieselben dürfen den Zeitraum von 14 Tagen, bezw. wenn die Genehmigung höherer Instanzen einzuholen ist, von 4 Wochen in der Regel nicht überschreiten.

5. Bedingungen für die Bewerbung um Arbeiten und Lieferungen.

Den öffentlichen Ausschreibungen sind die in der Anlage zusammengestellten, von Zeit zu Zeit öffentlich bekannt zu machenden, Bedingungen zu Grunde zu legen.

In den Ausschreibungen selbst ist demnächst nur auf diese Bekanntmachungen zu verweisen.

Auf das Verfahren bei engeren Ausschreibungen finden diese Bedingungen mit der Maßgabe entsprechende Anwendung, daß für die Verdingungsanschläge, Zeichnungen, Bedingungen 2c. (§ 2.), welche den zur Bewerbung aufgeforderten Unternehmern zugestellt werden, eine Erstattung von Kosten nicht beansprucht wird.

6. Termin zur Eröffnung der Angebote.

Zu dem Termin zur Eröffnung der Angebote haben nur die Bewerber und deren Bevollmächtigte, nicht aber unbetheiligte Personen Zutritt.

Die eingegangenen Angebote werden im Termin eröffnet und — mit Ausschluß der darin enthaltenen Angaben über Bezugsquellen — verlesen.

Ueber den Gang der Verhandlungen wird ein Protokoll aufgenommen, in welchem die Angebote nach dem Namen der Bewerber und dem Datum aufzuführen sind. Die Angebotsschreiben selbst werden dem Protokolle beigefügt und von dem den Termin leitenden Beamten mit einem entsprechende Vermerke versehen.

Das Protokoll wird verlesen und von den erschienenen Bewerbern und Bevollmächtigten mit vollzogen. Eine Veröffentlichung der Angebote sowie des Terminsprotokolls ist nicht statthaft.

Sofern die Feststellung des annehmbarsten Gebotes (vergl. unter 7) besondere Ermittelungen nicht erfordert, und der den Termin abhaltende Beamte zur selbstständigen Entscheidung über den Zuschlag zuständig ist, kann die Ertheilung des Zuschlages im Termin zu dem von dem gewählten Unternehmer mit zu vollziehenden Protokoll erfolgen.

7. Zuschlagsertheilung.

Die niedrigste Geldforderung als solche ist bei der Zuschlagsertheilung keineswegs vorzugsweise zu berücksichtigen.

Der Zuschlag darf nur auf ein in jeder Beziehung annehmbares, die tüchtige und rechtzeitige Ausführung der betreffenden Arbeit oder Lieferung gewährleistendes, Gebot ertheilt werden.

Ausgeschlossen von der Berücksichtigung sind solche Angebote:
- a. welche den der Ausschreibung zu Grunde gelegten Bedingungen oder Proben nicht entsprechen;
- b. welche nach den von den Bewerbern eingereichten Proben für den vorliegenden Zweck nicht geeignet sind;
- c. welche eine in offenbarem Mißverhältniß zu der betreffenden Leistung oder Lieferung stehende Preisforderung enthalten, so daß nach dem geforderten Preise an und für sich eine tüchtige Ausführung nicht erwartet werden kann.

Nur ausnahmsweise darf in dem letzteren Falle (zu c) der Zuschlag ertheilt werden, sofern der Bewerber als zuverlässig und leistungsfähig bekannt ist, und ausreichende Gründe für die Abgabe des ausnahmsweise niedrigen Gebotes beigebracht sind, oder auf Befragen beigebracht werden.

Im Uebrigen ist bei öffentlichen Ausschreibungen der Zuschlag demjenigen der drei Mindestfordernden zu ertheilen, dessen Angebot unter Berücksichtigung aller in Betracht kommenden Umstände als das annehmbarste zu erachten ist.

Bei engeren Ausschreibungen hat unter sonst gleichwerthigen Angeboten die Vergebung an den Mindestfordernden zu erfolgen. Sind ausnahmsweise den Bewerbern die näheren Vorschläge in Betreff der im Einzelnen zu wählenden Konstruktionen und Einrichtungen überlassen worden, so ist der Zuschlag auf dasjenige Angebot zu ertheilen, welches für den gegebenen Fall als das geeignetste und zugleich in Abwägung aller in Betracht kommenden Umstände als das preiswürdigste erscheint.

Ist keines der hiernach in Betracht kommenden Mindestgebote für annehmbar zu erachten, so sind sämmtliche Gebote abzulehnen.

Bei der Vergebung von Bauarbeiten sind im Falle gleicher Preisstellung die am Orte der Ausführung oder in der Nähe desselben wohnenden Gewerbetreibenden vorzugsweise zu berücksichtigen.

III. Form und Fassung der Verträge.

1. Form der Verträge.

Ueber den durch die Ertheilung des Zuschlags zu Stande gekommenen Vertrag ist der Regel nach eine schriftliche Urkunde zu errichten.

Hiervon kann, unter der Voraussetzung, daß die Rechtsgültigkeit des Uebereinkommens dadurch nicht in Frage gestellt wird, abgesehen werden:

    a. bei Gegenständen bis zum Werth von 1000 M. einschließlich;
    b. bei Zug um Zug bewirkten Leistungen und Lieferungen;
    c. bei einfachen Vertragsverhältnissen, über welche eine alle wesentlichen Bedingungen vereinbarende Korrespondenz vorliegt.

Wird in solchen Fällen von der Aufstellung eines schriftlichen Vertrages Abstand genommen, so ist in anderer geeigneter Weise — z. B. durch Bestellzettel, schriftliche gegenseitig anerkannte Notizen ꝛc. — für die Sicherung der Beweisführung über den wesentlichen Inhalt des Uebereinkommens Vorsorge zu treffen.

2. Fassung der Verträge.

Die Fassung der Vertragsbedingungen muß knapp, aber bestimmt und deutlich sein.

Für die einzelnen Gruppen von häufiger vorkommenden Arbeiten oder Lieferungen sind allgemeine Vertragsbedingungen ein für allemal festzustellen und in geeigneter Weise bekannt zu machen.

Bei der Anwendung solcher Vertragsbedingungen auf Vertragsgegenstände anderer Art sind die durch die Verschiedenheit des Gegenstandes bedingten Aenderungen vorzunehmen.

In der Vertragsurkunde müssen außer der Bezeichnung der vertragschließenden Parteien, und der Angabe, ob dem Vertragsabschlusse ein öffentliches oder ein engeres Ausschreibungsverfahren vorangegangen ist oder nicht, — zutreffendenfalls auch ob der gewählte Unternehmer in einem solchen Verfahren Mindestfordernder geblieben, die besonderen der Verdingung zu Grunde gelegten Bedingungen enthalten sein.

Hierbei kommen namentlich in Betracht:

    a. der Gegenstand der Verdingung unter Bezeichnung der Bezugsquelle, falls eine derartige Angabe verlangt ist;
    b. die Vollendungsfrist und die etwaigen Theilfristen;
    c. die Höhe der Vergütung und die Kasse, durch welche die Zahlungen zu erfolgen haben;
    d. die Höhe einer etwaigen Konventionalstrafe, sowie die Voraussetzungen, unter welchen dieselbe fällig wird;
    e. die Höhe einer etwa zu bestellenden Kaution unter genauerer Bezeichnung derjenigen Verbindlichkeiten, für deren Erfüllung dieselbe haften soll, sowie derjenigen Voraussetzungen, unter welchen die Rückgabe zu erfolgen hat;
    f. das Nähere in Betreff der Abnahme der Arbeiten oder Lieferungen, sowie der Dauer und des Umfanges der von dem Unternehmer zu leistenden Garantie;
    g. das zur Ergänzung der allgemeinen Vertragsbedingungen Erforderliche in Betreff der Ernennung der Schiedsrichter und der Wahl eines Obmanns.

Die auf den Gegenstand der Verdingung bezüglichen Verdingungsanschläge und Zeichnungen, sowie umfangreichere technische Vorschriften sind dem Vertrage als Anlagen beizufügen und als solche beiderseits anzuerkennen.

Die allgemeinen Vertragsbedingungen sind, insofern nicht bei einfachen Vertragsverhältnissen zweckmäßiger die Aufnahme der wesentlichsten Bestimmungen derselben in den Vertrag selbst erfolgt, der Vertragsurkunde beizufügen und im Vertrage selbst — unter Hervorhebung derjenigen Aenderungen und Streichungen, welche in den zur Verwendung gelangenden Druck- oder Umdruck-Formularen vorgenommen sind, in Bezug zu nehmen.

IV. Inhalt und Ausführung der Verträge.

Die Verbindlichkeiten, welche den Unternehmern auferlegt werden, dürfen dasjenige Maaß nicht übersteigen, welches Privatpersonen sich in ähnlichen Fällen auszubedingen pflegen. In den Verträgen sind nicht nur die Pflichten, sondern auch die denselben entsprechenden Rechte der Unternehmer zu verzeichnen.

Im Einzelnen.

1. Zahlung.

Die Zahlungen sind aufs Aeußerste zu beschleunigen.

Die Abnahme hat alsbald nach Fertigstellung oder Ablieferung der Arbeit oder Lieferung zu erfolgen.

Verzögert sich die Zahlung in Folge der nothwendigen genauen Feststellung des Geleisteten oder Gelieferten, oder erstreckt sich die Ausführung über einen längeren Zeitraum, so sind angemessene Abschlagszahlungen zu bewilligen.

Abschlagszahlungen haben sich auf die ganze Höhe des jeweilig verdienten Guthabens zu erstrecken.

Ist die genaue Feststellung des Umfanges und der Güte des Geleisteten ohne weitläufige Ermittelungen nicht angängig, so sind Abschlagszahlungen bis zu demjenigen Betrage zu leisten, welchen der abnehmende Beamte nach pflichtmäßigem Ermessen zu vertreten vermag.

Zur Verstärkung der Kaution dürfen Abschlagszahlungen nur insoweit einbehalten werden, als bereits Ansprüche gegen den Unternehmer entstanden sind, für welche die in der Kaution gebotene Deckung nicht ausreicht.

Auf Antrag der Unternehmer sind Zahlungen an dieselben durch Vermittelung der Reichsbank zu leisten.

2. Sicherheitsstellung.

Die Zulassung zu dem Ausschreibungsverfahren ist von einer vorgängigen Sicherheitsstellung nicht abhängig zu machen; dagegen kann in den hierzu geeigneten Fällen vor der Ertheilung des Zuschlages die ungesäumte Sicherheitsstellung verlangt werden.

Die Sicherheit kann durch Bürgen oder durch Kautionen gestellt werden.

Bei Bemessung der Höhe der Kaution und der Bestimmung darüber, ob dieselbe auch während der Garantiezeit ganz oder theilweise einbehalten wird, ist über dasjenige Maaß nicht hinauszugehen, welches geboten ist, um die Verwaltung vor Schaden zu bewahren.

Der Regel nach ist die Kaution nicht höher als auf 5 Prozent der Vertragssumme zu bemessen.

Wenn die Vertragssumme 1000 M. nicht erreicht, oder die zu hinterlegende Kaution den Betrag von 50 M. nicht erreichen würde, so kann auf Sicherheitsstellung überhaupt verzichtet werden.

Kautionen bis zu 300 M. können durch Einbehaltung von den Abschlagszahlungen eingezogen werden.

Die Kautionsbestellung kann nach Wahl des Unternehmers in baarem Gelde oder in guten Werthpapieren oder in sicheren (gezogenen) Wechseln oder Sparkassenbüchern erfolgen.

Die vom Deutschen Reiche oder von einem Deutschen Bundesstaate ausgestellten oder garantirten Schuldverschreibungen, sowie die Stamm- und Stamm-Prioritäts-Aktien und die Prioritäts-Obligationen derjenigen Eisenbahnen, deren Erwerb durch den Preußischen Staat gesetzlich genehmigt ist, sind zum vollen Kurswerthe als Kaution anzunehmen. Auch die übrigen bei der Deutschen Reichsbank beleihbaren Effekten sind zu dem daselbst beleihbaren Bruchtheile des Kurswerthes als Kaution zuzulassen.

Eine Ergänzung der Kaution ist für den Fall vorzubehalten, daß demnächst in Folge Sinkens des Kurses der Kurswerth bezw. der entsprechende Bruchtheil desselben für den Betrag der Kaution nicht mehr Deckung bieten sollte.

Die Zinsscheine der Werthpapiere für denjenigen Zeitraum, während dessen voraussichtlich die Leistung oder Lieferung noch in der Ausführung begriffen sein wird, können in den geeigneten Fällen den Unternehmern belassen werden; die Talons zu den Kautionseffekten sind regelmäßig mit einzufordern.

Baar gestellte Kautionen werden nicht verzinst.

Die Rückgabe der Kaution hat, nachdem die Verpflichtungen, zu deren Sicherung dieselbe gedient hat, sämmtlich erfüllt sind, ohne Verzug zu erfolgen.

3. Mehr- und Minderaufträge.

Von dem Vorbehalt einer einseitigen Vermehrung oder Verminderung der verdungenen Lieferungen und Leistungen unter Beibehaltung der bedungenen Preis-Einheitssätze ist Abstand zu nehmen.

4. Konventionalstrafen.

Konventionalstrafen sind nur auszubedingen, wenn ein erhebliches Interesse an der rechtzeitigen Vertragserfüllung besteht.

Die Höhe der Konventionalstrafsätze ist in angemessenen Grenzen zu halten.

Von der Vereinbarung derselben ist ganz abzusehen, wenn der Verdingungsgegenstand vorkommenden Falls ohne Weiteres in der bedungenen Menge und Güte anderweit zu beschaffen ist.

5. Kontrole der Ausführung.

Der Verwaltung ist das Recht vorzubehalten, in geeigneter Weise die Ausführung verdungener Arbeiten auf den Werken, in den Werkstätten, auf den Arbeitsplätzen ꝛc. zu überwachen.

Die Kontrole bei Bauarbeiten hat sich auch darauf zu erstrecken, daß der Unternehmer seine Verbindlichkeiten aus dem Arbeitsvertrage gegenüber den von ihm beschäftigten Handwerkern und Arbeitern pünktlich erfüllt. Für den Fall, daß der Unternehmer diesen Verbindlichkeiten nicht nachkommen, und hierdurch das angemessene Fortschreiten der Arbeiten in Frage gestellt werden sollte, ist das Recht vorzubehalten, Zahlungen für Rechnung des Unternehmers unmittelbar an die Betheiligten zu leisten.

Die Kosten der Kontrole und Abnahme der Arbeiten trägt die Verwaltung.

Den von dem Lieferanten als Bezugsquelle bezeichneten Fabrikanten ist Mittheilung zu machen, wenn sich Anstände bezüglich der Ausführung der betreffenden Lieferungen ergeben.

6. Meinungsverschiedenheiten.

Für die Entscheidung über etwaige den Inhalt oder die Ausführung des Vertrages betreffende Meinungsverschiedenheiten ist die Bildung eines Schiedsgerichts zu vereinbaren.

Ueber eine Ergänzung des Schiedsgerichts für den Fall, daß unter den erwählten Schiedsrichtern Stimmengleichheit sich ergeben sollte, ist ausdrücklich Bestimmung zu treffen.

Gegen Anordnungen, welche die Art der Ausführung eines Baues betreffen, ist die Anrufung eines Schiedsgerichts nur wegen der dadurch etwa begründeten Entschädigungsansprüche zuzulassen.

7. Kosten und Stempel der Verträge.

Die Kosten des Vertragsabschlusses sind von jedem Theile zur Hälfte zu tragen.

Bezüglich der Uebernahme von Stempelkosten auf die Verwaltung sind die gesetzlichen Vorschriften maßgebend.

Briefe, Depeschen und andere Mittheilungen im Interesse des Abschlusses und der Ausführung der Verträge sind beiderseits zu frankiren.

Anlage.

Bedingungen für die Bewerbung um Arbeiten und Lieferungen.

Persönliche Tüchtigkeit und Leistungsfähigkeit der Bewerber.

§ 1. Bei der Vergebung von Arbeiten oder Lieferungen hat Niemand Aussicht als Unternehmer angenommen zu werden, der nicht für die tüchtige, pünktliche und vollständige Ausführung derselben — auch in technischer Hinsicht die erforderliche Sicherheit bietet.

Einsicht und Bezug der Verdingungsanschläge ꝛc.

§ 2. Verdingungsanschläge, Zeichnungen, Bedingungen ꝛc. sind an den in der Ausschreibung bezeichneten Stellen einzusehen und werden auf Ersuchen gegen Erstattung der Selbstkosten verabfolgt.

Form und Inhalt der Angebote.

§ 3. Die Angebote sind unter Benutzung der etwa vorgeschriebenen Formulare, von den Bewerbern unterschrieben, mit der in der Ausschreibung geforderten Ueberschrift versehen, versiegelt und frankirt bis zu dem angegebenen Termine einzureichen.

Die Angebote müssen enthalten:
  a. Die ausdrückliche Erklärung, daß der Bewerber sich den Bedingungen, welche der Ausschreibung zu Grunde gelegt sind, unterwirft.
  b. die Angabe der geforderten Preise nach Reichswährung, und zwar sowohl die Angabe der Preise für die Einheiten, als auch der Gesammtforderung; stimmt die Gesammtforderung mit den Einheitspreisen nicht überein, so sollen die letzteren maßgebend sein;
  c. die genaue Bezeichnung und Adresse des Bewerbers;

d. Seitens gemeinschaftlich bietender Personen die Erklärung, daß sie sich für das Angebot solidarisch verbindlich machen, und die Bezeichnung eines zur Geschäftsführung und zur Empfangnahme der Zahlungen Bevollmächtigten; letzteres Erforderniß gilt auch für die Gebote von Gesellschaften;

e. nähere Angaben über die Bezeichnung der etwa mit eingereichten Proben. Die Proben selbst müssen ebenfalls vor dem Bietungstermine eingesandt und derartig bezeichnet sein, daß sich ohne Weiteres erkennen läßt, zu welchem Angebot sie gehören;

f. die etwa vorgeschriebenen Angaben über die Bezugsquellen von Fabrikaten.

Angebote, welche diesen Vorschriften nicht entsprechen, insbesondere solche, welche bis zu der festgesetzten Terminsstunde bei der Behörde nicht eingegangen sind, welche bezüglich des Gegenstandes von der Ausschreibung selbst abweichen, oder das Gebot an Sonderbedingungen knüpfen, haben keine Aussicht auf Berücksichtigung.

Es sollen indessen solche Angebote nicht ausgeschlossen sein, in welchen der Bewerber erklärt, sich nur während einer kürzeren als der in der Ausschreibung angegebenen Zuschlagsfrist an sein Angebot gebunden halten zu wollen.

Wirkung des Angebots.

§ 4. Die Bewerber bleiben von dem Eintreffen des Angebotes bei der ausschreibenden Behörde bis zum Ablauf der festgesetzten Zuschlagsfrist bezw. der von ihnen bezeichneten kürzeren Frist (§ 3 letzter Absatz) an ihre Angebote gebunden.

Die Bewerber unterwerfen sich mit Abgabe des Angebots in Bezug auf alle für sie daraus entstehenden Verbindlichkeiten der Gerichtsbarkeit des Ortes, an welchem die ausschreibende Behörde ihren Sitz hat und woselbst auch sie auf Erfordern Domizil nehmen müssen.

Zulassung zum Eröffnungstermin.

§ 5. Den Bewerbern und deren Bevollmächtigten steht der Zutritt zu dem Eröffnungstermine frei. Eine Veröffentlichung der abgegebenen Gebote ist nicht gestattet.

Ertheilung des Zuschlags.

§ 6. Der Zuschlag wird von dem ausschreibenden Beamten oder von der ausschreibenden Behörde oder von einer dieser untergeordneten Behörde entweder im Eröffnungstermin zu dem von dem gewählten Unternehmer mit zu vollziehenden Protokoll oder durch besondere schriftliche Mittheilung ertheilt.

Letzterenfalls ist derselbe mit bindender Kraft erfolgt, wenn die Benachrichtigung hiervon innerhalb der Zuschlagsfrist als Depesche oder Brief dem Telegraphen- oder Post-Amt zur Beförderung an die in dem Angebot bezeichnete Adresse übergeben worden ist.

Trifft die Benachrichtigung trotz rechtzeitiger Absendung erst nach demjenigen Zeitpunkt bei dem Empfänger ein, für welchen dieser bei ordnungsmäßiger Beförderung den Eingang eines rechtzeitig abgesendeten Briefes erwarten darf, so ist der Empfänger an sein Angebot nicht mehr gebunden, falls er ohne Verzug nach dem verspäteten Eintreffen der Zuschlagserklärung von seinem Rücktritt Nachricht gegeben hat.

Nachricht an diejenigen Bewerber, welche den Zuschlag nicht erhalten, wird nur dann ertheilt, wenn dieselben bei Einreichung des Angebots unter Beifügung des erforderlichen Frankaturbetrages einen desfallsigen Wunsch zu erkennen gegeben haben. Proben werden nur dann zurückgegeben, wenn dies in dem Angebotsschreiben ausdrücklich verlangt wird, und erfolgt alsdann die Rücksendung auf Kosten des betreffenden Bewerbers. Eine Rückgabe findet im Falle der Annahme des Angebots nicht statt; ebenso kann im Falle der Ablehnung desselben die Rückgabe insoweit nicht verlangt werden, als die Proben bei den Prüfungen verbraucht sind.

Eingereichte Entwürfe werden auf Verlangen zurückgegeben.

Den Empfang des Zuschlagsschreibens hat der Unternehmer umgehend schriftlich zu bestätigen.

Vertragsabschluß.

§ 7. Der Bewerber, welcher den Zuschlag erhält, ist verpflichtet, auf Erfordern über den durch die Ertheilung des Zuschlages zu Stande gekommenen Vertrag eine schriftliche Urkunde zu vollziehen.

Sofern die Unterschrift des Bewerbers der Behörde nicht bekannt ist, bleibt vorbehalten, eine Beglaubigung derselben zu verlangen.

Die der Ausschreibung zu Grunde liegenden Verdingungsanschläge, Zeichnungen ꝛc., welche bereits durch das Angebot anerkannt sind, hat der Bewerber bei Abschluß des Vertrages mit zu unterzeichnen.

Kautionsstellung.

§ 8. Innerhalb 14 Tagen nach der Ertheilung des Zuschlages hat der Unternehmer die vorgeschriebene Kaution zu bestellen, widrigenfalls die Behörde befugt ist, von dem Vertrage zurückzutreten und Schadenersatz zu beanspruchen.

Kosten der Ausschreibung.

§ 9. Zu den durch die Ausschreibung selbst entstehenden Kosten hat der Unternehmer nicht beizutragen.

II.
Allgemeine Vertragsbedingungen für die Ausführung von Hochbauten.

Gegenstand des Vertrages.

§ 1. Den Gegenstand des Unternehmens bildet die Herstellung der im Vertrage bezeichneten Bauwerke. Im Einzelnen bestimmt sich Art und Umfang der dem Unternehmer obliegenden Leistungen nach den Verdingungsanschlägen, den zugehörigen Zeichnungen und sonstigen als zum Vertrage gehörig bezeichneten Unterlagen. Die in den Verdingungsanschlägen angenommenen Vordersätze unterliegen jedoch denjenigen näheren Feststellungen, welche — ohne wesentliche Aenderung der dem Vertrage zu Grunde gelegten Bau-Entwürfe — bei der Ausführung der betreffenden Bauwerke sich ergeben.

Abänderungen der Bau-Entwürfe anzuordnen, bleibt der bauleitenden Behörde vorbehalten. Leistungen, welche in den Bau-Entwürfen nicht vorgesehen sind, können dem Unternehmer nur mit seiner Zustimmung übertragen werden.

Berechnung der Vergütung.

§ 2. Die dem Unternehmer zukommende Vergütung wird nach den wirklichen Leistungen bezw. Lieferungen unter Zugrundelegung der vertragsmäßigen Einheitspreise berechnet.

Die Vergütung für Tagelohnarbeiten erfolgt nach den vertragsmäßig vereinbarten Lohnsätzen.

Ausschluß einer besonderen Vergütung für Nebenleistungen, Vorhalten von Werkzeug und Geräthen, Rüstungen ɾc.

Insoweit in den Verdingungsanschlägen für Nebenleistungen, sowie für das Vorhalten von Werkzeug und Geräthen, Rüstungen ɾc. nicht besondere Preisansätze vorgesehen sind, umfassen die vereinbarten Preise und Tagelohnsätze zugleich die Vergütung für die zur planmäßigen Herstellung des Bauwerks gehörenden Nebenleistungen aller Art, insbesondere auch für die Heranschaffung der zu den Bauarbeiten erforderlichen Materialien aus den auf der Baustelle befindlichen Lagerplätzen nach der Verwendungsstelle am Bau, sowie die Entschädigung für Vorhaltung von Werkzeug, Geräthen ɾc.

Auch die Gestellung der zu den Absteckungen, Höhenmessungen und Abnahmevermessungen erforderlichen Arbeitskräfte und Geräthe liegt dem Unternehmer ob, ohne daß demselben eine besondere Entschädigung hierfür gewährt wird.

Mehrleistungen gegen den Vertrag.

Ohne ausdrückliche schriftliche Anordnung oder Genehmigung des bauleitenden Beamten darf der Unternehmer keinerlei vom Vertrage abweichende oder im Verdingungsanschlage nicht vorgesehene Arbeiten oder Lieferungen ausführen.

Diesem Verbot zuwider einseitig von dem Unternehmer bewirkte Leistungen ist der bauleitende Beamte ebenso wie die bauleitende Behörde befugt, auf dessen Gefahr und Kosten wieder beseitigen zu lassen; auch hat der Unternehmer nicht nur keinerlei Vergütung für derartige Arbeiten und Lieferungen zu beanspruchen, sondern muß auch für allen Schaden aufkommen, welcher etwa durch diese Abweichungen vom Vertrage für die Staatskasse entstanden ist.

Minderleistung gegen den Vertrag.

§ 4. Bleiben die ausgeführten Arbeiten oder Lieferungen zufolge der von der bauleitenden Behörde oder dem bauleitenden Beamten getroffenen Anordnungen unter der im Vertrage festverdungenen Menge zurück, so hat der Unternehmer Anspruch auf den Ersatz des ihm nachweislich hieraus entstandenen wirklichen Schadens.

Nöthigenfalls entscheidet hierüber das Schiedsgericht (§ 19.)

Beginn, Fortführung und Vollendung der Arbeiten ɾc., Konventionalstrafe.

§ 5. Der Beginn, die Fortführung und Vollendung der Arbeiten und Lieferungen hat nach den in den besonderen Bedingungen festgesetzten Fristen zu erfolgen.

Ist über den Beginn der Arbeiten ɾc. in den besonderen Bedingungen eine Vereinbarung nicht enthalten, so hat der Unternehmer spätestens 14 Tage nach schriftlicher Aufforderung Seitens des bauleitenden Beamten mit den Arbeiten oder Lieferungen zu beginnen.

Die Arbeit oder Lieferung muß im Verhältniß zu den bedungenen Vollendungsfristen fortgesetzt angemessen gefördert werden.

Die Zahl der zu verwendenden Arbeitskräfte und Geräthe, sowie die Vorräthe an Materialien müssen allezeit den übernommenen Leistungen entsprechen.

Eine im Vertrage bedungene Konventionalstrafe gilt nicht für erlassen, wenn die verspätete Vertragserfüllung ganz oder theilweise ohne Vorbehalt angenommen worden ist.

Eine tageweise zu berechnende Konventionalstrafe für verspätete Ausführung von Bauarbeiten bleibt für die in die Zeit einer Verzögerung fallenden Sonntage und allgemeinen Feiertage außer Ansatz.

Hinderungen der Bauausführung.

§ 6. Glaubt der Unternehmer sich in der ordnungsmäßigen Fortführung der übernommenen Arbeiten durch Anordnungen der bauleitenden Behörde oder des bauleitenden Beamten oder durch das nicht gehörige Fortschreiten der Arbeiten anderer Unternehmer behindert, so hat er bei dem bauleitenden Beamten oder der bauleitenden Behörde hiervon Anzeige zu erstatten.

Andernfalls werden schon wegen der unterlassenen Anzeige keinerlei auf die betreffenden, angeblich hindernden, Umstände begründete Ansprüche oder Einwendungen zugelassen.

Nach Beseitigung derartiger Hinderungen sind die Arbeiten ohne weitere Aufforderung ungesäumt wieder aufzunehmen.

Der bauleitenden Behörde bleibt vorbehalten, falls die bezüglichen Beschwerden des Unternehmers für begründet zu erachten sind, eine angemessene Verlängerung der im Vertrage festgesetzten Vollendungsfristen — längstens bis zur Dauer der betreffenden Arbeitshinderung — zu bewilligen.

Für die bei Eintritt einer Unterbrechung der Bauausführung bereits ausgeführten Leistungen erhält der Unternehmer die den vertragsmäßig bedungenen Preisen entsprechende Vergütung. Ist für verschiedenwerthige Leistungen ein nach dem Durchschnitt bemessener Einheitspreis vereinbart, so ist unter Berücksichtigung des höheren oder geringeren Werthes der ausgeführten Leistungen gegenüber den noch rückständigen ein von dem verabredeten Durchschnittspreise entsprechend abweichender neuer Einheitspreis für das Geleistete besonders zu ermitteln und darnach die zu gewährende Vergütung zu berechnen.

Außerdem kann der Unternehmer im Fall einer Unterbrechung oder gänzlichen Abstandnahme von der Bauausführung den Ersatz des ihm nachweislich entstandenen wirklichen Schadens beanspruchen, wenn die die Fortsetzung des Baues hindernden Umstände entweder von der bauleitenden Behörde und deren Organen verschuldet sind, oder — insoweit zufällige, von dem Willen der Behörde unabhängige, Umstände in Frage stehen, — sich auf Seiten der bauleitenden Behörde zugetragen haben.

Eine Entschädigung für entgangenen Gewinn kann in keinem Falle beansprucht werden.

In gleicher Weise ist der Unternehmer zum Schadensersatz verpflichtet, wenn die betreffenden, die Fortführung des Baues hindernden, Umstände von ihm verschuldet sind oder auf seiner Seite sich zugetragen haben.

Auf die gegen den Unternehmer geltend zu machenden Schadensersatzforderungen kommen die etwa eingezogenen oder verwirkten Konventionalstrafen in Anrechnung. Ist die Schadensersatzforderung niedriger als die Konventionalstrafe, so kommt nur die letztere zur Einziehung.

In Ermangelung gütlicher Einigung entscheidet über die bezüglichen Ansprüche das Schiedsgericht. (§ 19.)

Dauert die Unterbrechung der Bauausführung länger als 6 Monate, so steht jeder der beiden Vertragsparteien der Rücktritt vom Vertrage frei. Die Rücktrittserklärung muß schriftlich und spätestens 14 Tage nach Ablauf jener 6 Monate dem anderen Theile zugestellt werden; anderfalls bleibt — unbeschadet der inzwischen etwa erwachsenen Ansprüche auf Schadensersatz oder Konventionalstrafe — der Vertrag mit der Maßgabe in Kraft, daß die in demselben ausbedungene Vollendungsfrist um die Dauer der Bau-Unterbrechung verlängert wird.

Güte der Arbeitsleistungen und der Materialien.

§ 7. Die Arbeitsleistungen müssen den besten Regeln der Technik und den besonderen Bestimmungen des Verdingungs-Anschlages und des Vertrages entsprechen.

Bei den Arbeiten dürfen nur tüchtige und geübte Arbeiter beschäftigt werden.

Arbeitsleistungen, welche der bauleitende Beamte den gedachten Bedingungen nicht entsprechend findet, sind sofort, und unter Ausschluß der Anrufung eines Schiedsgerichts, zu beseitigen und durch untadelhafte zu ersetzen. Für hierbei entstehende Verluste an Materialien hat der Unternehmer die Staatskasse schadlos zu halten.

Arbeiter, welche nach dem Urtheile des bauleitenden Beamten untüchtig sind, müssen auf Verlangen entlassen und durch tüchtige ersetzt werden.

Materialien, welche dem Anschlage, bezw. den besonderen Bedingungen oder den dem Vertrage zu Grunde gelegten Proben nicht entsprechen, sind auf Anordnung des bauleitenden Beamten innerhalb einer von ihm zu bestimmenden Frist von der Baustelle zu entfernen.

Behufs Ueberwachung der Ausführung der Arbeiten steht dem bauleitenden Beamten oder den von demselben zu beauftragenden Personen jederzeit während der Arbeitsstunden der Zutritt zu den Arbeitsplätzen und Werkstätten frei, in welchen zu dem Unternehmen gehörige Arbeiten angefertigt werden.

Erfüllung der dem Unternehmer, Handwerkern und Arbeitern gegenüber obliegenden Verbindlichkeiten.

§ 8. Der Unternehmer hat der bauleitenden Behörde und dem bauleitenden Beamten über die mit Handwerkern und Arbeitern in Betreff der Ausführung der Arbeit geschlossenen Verträge jederzeit auf Erfordern Auskunft zu ertheilen.

Sollte das angemessene Fortschreiten der Arbeiten dadurch in Frage gestellt werden, daß der Unternehmer Handwerkern oder Arbeitern gegenüber die Verpflichtungen aus dem Arbeitsvertrage nicht oder nicht pünktlich erfüllt, so bleibt der bauleitenden Behörde das Recht vorbehalten, die von dem Unternehmer geschuldeten Beträge für dessen Rechnung unmittelbar an die Berechtigten zu zahlen. Der Unternehmer hat die hierzu erforderlichen Unterlagen, Lohnlisten ꝛc. der bauleitenden Behörde bezw. dem bauleitenden Beamten zur Verfügung zu stellen.

Entziehung der Arbeit ꝛc.

§ 9. Die bauleitende Behörde ist befugt, dem Unternehmer die Arbeiten und Lieferungen ganz oder theilweise zu entziehen und den noch nicht vollendeten Theil auf seine Kosten ausführen zu lassen oder selbst für seine Rechnung auszuführen, wenn

a. seine Leistungen untüchtig sind, oder

b. die Arbeiten nach Maßgabe der verlaufenen Zeit nicht genügend gefördert sind, oder

c. der Unternehmer den von der bauleitenden Behörde gemäß § 8 getroffenen Anordnungen nicht nachkommt.

Vor der Entziehung der Arbeiten ꝛc. ist der Unternehmer zur Beseitigung der vorliegenden Mängel bezw. zur Befolgung der getroffenen Anordnungen unter Bewilligung einer angemessenen Frist aufzufordern.

Von der verfügten Arbeitsentziehung wird dem Unternehmer durch eingeschriebenen Brief Eröffnung gemacht.

Auf die Berechnung der für die ausgeführten Leistungen dem Unternehmer zustehenden Vergütung und den Umfang der Verpflichtung desselben zum Schadensersatz finden die Bestimmungen im § 6 gleichmäßige Anwendung.

Nach beendeter Arbeit oder Lieferung wird dem Unternehmer eine Abrechnung über die für ihn sich ergebende Forderung und Schuld mitgetheilt.

Abschlagszahlungen können im Falle der Arbeitsentziehung dem Unternehmer nur innerhalb desjenigen Betrages gewährt werden, welcher als sicheres Guthaben desselben unter Berücksichtigung der entstandenen Gegenansprüche ermittelt ist.

Ueber die in Folge der Arbeitsentziehung etwa zu erhebenden vermögensrechtlichen Ansprüche entscheidet in Ermangelung gütlicher Einigung das Schiedsgericht (§ 19.)

Ordnungsvorschriften.

§ 10. Der Unternehmer oder dessen Vertreter muß sich zufolge Aufforderung des bauleitenden Beamten auf der Baustelle einfinden, so oft nach dem Ermessen des Letzteren die zutreffenden baulichen Anordnungen ein mündliches Benehmen auf der Baustelle erforderlich machen. Die sämmtlichen auf dem Bau beschäftigten Bevollmächtigten, Gehülfen und Arbeiter des Unternehmers sind bezüglich der Bauausführung und der Aufrechterhaltung der Ordnung auf dem Bauplatze den Anordnungen des bauleitenden Beamten bezw. dessen Stellvertreters unterworfen. Im Falle des Ungehorsams kann ihre sofortige Entfernung von der Baustelle verlangt werden.

Der Unternehmer hat, wenn nicht ein Anderes ausdrücklich vereinbart worden ist, für das Unterkommen seiner Arbeiter, insoweit dies von dem bauleitenden Beamten für erforderlich erachtet wird, selbst zu sorgen. Er muß für seine Arbeiter auf eigene Kosten an den ihm angewiesenen Orten die nöthigen Abtritte herstellen, sowie für deren regelmäßige Reinigung, Desinfektion und demnächstige Beseitigung Sorge tragen.

Für die Bewachung seiner Gerüste, Werkzeuge, Geräthe ꝛc., sowie seiner auf der Baustelle lagernden Materialien Sorge zu tragen, ist lediglich Sache des Unternehmers.

Mitbenutzung von Rüstungen.

Die von dem Unternehmer hergestellten Rüstungen sind während ihres Bestehens auch anderen Bauhandwerkern unentgeltlich zur Benutzung zu überlassen. Aenderungen an den Rüstungen im Interesse der bequemeren Benutzung Seitens der übrigen Bauhandwerker vorzunehmen, ist der Unternehmer nicht verpflichtet.

Beobachtung polizeilicher Vorschriften. Haftung des Unternehmers für seine Angestellten ꝛc.

§ 11. Für die Befolgung der für Bauausführungen bestehenden polizeilichen Vorschriften und der etwa besonders ergehenden polizeilichen Anordnungen ist der

Unternehmer für den ganzen Umfang seiner vertragsmäßigen Verpflichtungen verantwortlich. Kosten, welche ihm dadurch erwachsen, können der Staatskasse gegenüber nicht in Rechnung gestellt werden.

Der Unternehmer trägt insbesondere die Verantwortung für die gehörige Stärke und sonstige Tüchtigkeit der Rüstungen. Dieser Verantwortung unbeschadet ist er aber auch verpflichtet, eine von dem bauleitenden Beamten angeordnete Ergänzung und Verstärkung der Rüstungen unverzüglich und auf eigene Kosten zu bewirken.

Für alle Ansprüche, die wegen einer ihm selbst oder seinen Bevollmächtigten Gehülfen oder Arbeitern zur Last fallenden Vernachlässigung polizeilicher Vorschriften an die Verwaltung erhoben werden, hat der Unternehmer in jeder Hinsicht aufzukommen.

Ueberhaupt haftet er in Ausführung des Vertrages für alle Handlungen seiner Bevollmächtigten, Gehülfen und Arbeiter persönlich. Er hat insbesondere jeden Schaden an Person oder Eigenthum zu vertreten, welcher durch ihn oder seine Organe Dritten oder der Staatskasse zugefügt wird.

Aufmessungen während des Baues und Abnahme.

§ 12. Der bauleitende Beamte ist berechtigt, zu verlangen, daß über alle später nicht mehr nachzumessenden Arbeiten von den beiderseits zu bezeichnenden Beauftragten während der Ausführung gegenseitig anzuerkennende Notizen geführt werden, welche demnächst der Berechnung zu Grunde zu legen sind.

Von der Vollendung der Arbeiten oder Lieferungen hat der Unternehmer dem bauleitenden Beamten durch eingeschriebenen Brief Anzeige zu machen, worauf der Termin für die Abnahme mit thunlichster Beschleunigung anberaumt und dem Unternehmer schriftlich gegen Behändigungsschein oder mittelst eingeschriebenen Briefes bekannt gegeben wird.

Ueber die Abnahme wird in der Regel eine Verhandlung aufgenommen; auf Verlangen des Unternehmers muß dies geschehen. Die Verhandlung ist von dem Unternehmer bezw. dem für denselben etwa erschienenen Stellvertreter mit zu vollziehen.

Von der über die Abnahme aufgenommenen Verhandlung wird dem Unternehmer auf Verlangen beglaubigte Abschrift mitgetheilt.

Erscheint in dem zur Abnahme anberaumten Termine gehöriger Benachrichtigung ungeachtet weder der Unternehmer selbst noch ein Bevollmächtigter desselben, so gelten die durch die Organe der bauleitenden Behörde bewirkten Aufnahmen, Notirungen ⁊c. als anerkannt.

Auf die Feststellung des von dem Unternehmer Geleisteten im Falle der Arbeitsentziehung (§ 9.) finden diese Bestimmungen gleichmäßige Anwendung.

Müssen Theillieferungen sofort nach ihrer Anlieferung abgenommen werden, so bedarf es einer besonderen Benachrichtigung des Unternehmers hiervon nicht, vielmehr ist es Sache desselben, für seine Anwesenheit oder Vertretung bei der Abnahme Sorge zu tragen.

Rechnungsaufstellung.

§ 13. Bezüglich der formellen Aufstellung der Rechnung, welche in der Form, Ausdrucksweise, Bezeichnung der Räume und Reihenfolge der Positionsnummern genau nach dem Verdingungs=Anschlage einzurichten ist, hat der Unternehmer den von der bauleitenden Behörde bezw. dem bauleitenden Beamten gestellten Anforderungen zu entsprechen.

Etwaige Mehrarbeiten sind in besonderer Rechnung nachzuweisen, unter deutlichem Hinweis auf die schriftlichen Vereinbarungen, welche bezüglich derselben getroffen worden sind.

Tagelohnrechnungen.

Werden im Auftrage des bauleitenden Beamten Seitens des Unternehmers Arbeiten im Tagelohn ausgeführt, so ist die Liste der hierbei beschäftigten Arbeiter dem bauleitenden Beamten oder dessen Vertreter behufs Prüfung ihrer Richtigkeit täglich vorzulegen. Etwaige Ausstellungen dagegen sind dem Unternehmer binnen längstens 8 Tagen mitzutheilen.

Die Tagelohnrechnungen sind längstens von 2 zu 2 Wochen dem bauleitenden Beamten einzureichen.

Zahlungen.

§ 14. Die Schlußzahlung erfolgt auf die vom Unternehmer einzureichende Kostenrechnung alsbald nach vollendeter Prüfung und Feststellung derselben.

Abschlagszahlungen werden dem Unternehmer in angemessenen Fristen auf Antrag, nach Maßgabe des jeweilig Geleisteten, bis zu der von dem bauleitenden Beamten mit Sicherheit vertretbaren Höhe gewährt.

Bleiben bei der Schluß-Abrechnung Meinungsverschiedenheiten zwischen dem bauleitenden Beamten oder der bauleitenden Behörde und dem Unternehmer bestehen, so soll das dem Letzteren unbestritten zustehende Guthaben demselben gleichwohl nicht vorenthalten werden.

Verzicht auf spätere Geltendmachung aller nicht ausdrücklich vorbehaltenen Ansprüche.

Vor Empfangnahme des von dem bauleitenden Beamten oder der bauleitenden Behörde als Restguthaben angebotenen Betrages muß der Unternehmer alle Ansprüche, welche er aus dem Vertragsverhältniß über die behördlicherseits anerkannten hinaus etwa noch zu haben vermeint, bestimmt bezeichnen und sich vorbehalten, widrigenfalls die Geltendmachung dieser Ansprüche später ausgeschlossen ist.

Zahlende Kasse.

Alle Zahlungen erfolgen, sofern nicht in den besonderen Bedingungen etwas anderes festgesetzt ist, auf der Kasse der bauleitenden Behörde.

Gewährleistung.

§ 15. Die in den besonderen Bedingungen des Vertrages vorgesehene, in Ermangelung solcher nach den allgemeinen gesetzlichen Vorschriften sich bestimmende Frist für die dem Unternehmer obliegende Gewährleistung für die Güte der Arbeit oder der Materialien beginnt mit dem Zeitpunkte der Abnahme der Arbeit oder Lieferung.

Der Einwand nicht rechtzeitiger Anzeige von Mängeln gelieferter Waaren (Art. 347 des Handelsgesetzbuches) ist nicht statthaft.

Sicherheitsstellung. Bürgen.

§ 16. Bürgen haben als Selbstschuldner in den Vertrag mit einzutreten.

Kautionen.

Kautionen können in baarem Gelde oder guten Werthpapieren oder sicheren — gezogenen — Wechseln oder Sparkassenbüchern bestellt werden.

Die Schuldverschreibungen, welche von dem Deutschen Reiche oder von einem Deutschen Bundesstaate ausgestellt oder garantirt sind, sowie die Stamm= und Stamm=Prioritäts=Aktien und die Prioritäts=Obligationen derjenigen Eisenbahnen, deren Erwerb durch den preußischen Staat gesetzlich genehmigt ist, werden zum vollen Kurswerthe als Kaution angenommen. Die übrigen bei der Deutschen Reichs= bank beleihbaren Effekten werden zu dem daselbst beleihbaren Bruchtheil des Kurs= werthes als Kaution angenommen.

Die Ergänzung einer in Werthpapieren gestellten Kaution kann gefordert werden, falls in Folge eines Kursrückganges der Kurswerth bezw. der zulässige Bruchtheil desselben für den Betrag der Kaution nicht mehr Deckung bietet.

Baar hinterlegte Kautionen werden nicht verzinst. Zinstragenden Werthpapieren sind die Talons und Zinsscheine, insoweit bezüglich der letzteren in den besonderen Bedingungen nicht etwas Anderes bestimmt wird, beizufügen. Die Zinsscheine werden so lange, als nicht eine Veräußerung der Werthpapiere zur Deckung entstandener Ver= bindlichkeiten in Aussicht genommen werden muß, an den Fälligkeitsterminen dem Unternehmer ausgehändigt. Für den Umtausch der Talons, die Einlösung und den Ersatz ausgelooster Werthpapiere sowie den Ersatz abgelaufener Wechsel hat der Unter= nehmer zu sorgen.

Falls der Unternehmer in irgend einer Beziehung seinen Verbindlichkeiten nicht nachkommt, kann die Behörde zu ihrer Schadloshaltung auf dem einfachsten gesetzlich zulässigen Wege die hinterlegten Werthpapiere und Wechsel veräußern, bezw. einkassiren.

Die Rückgabe der Kaution, insoweit dieselbe für Verbindlichkeiten des Unter= nehmers nicht in Anspruch zu nehmen ist, erfolgt, nachdem der Unternehmer die ihm obliegenden Verpflichtungen vollständig erfüllt hat, und insoweit die Kaution zur Sicherung der Garantieverpflichtung dient, nachdem die Garantiezeit abgelaufen ist. In Ermangelung anderweiter Verabredung gilt als bedungen, daß die Kaution in ganzer Höhe zur Deckung der Garantieverbindlichkeit einzubehalten ist.

Uebertragbarkeit des Vertrages.

§ 17. Ohne Genehmigung der bauleitenden Behörde darf der Unternehmer seine vertragsmäßigen Verpflichtungen nicht auf Andere übertragen.

Verfällt der Unternehmer vor Erfüllung des Vertrages in Konkurs, so ist die bauleitende Behörde berechtigt, den Vertrag mit dem Tage der Konkurseröffnung aufzuheben.

Bezüglich der in diesem Falle zu gewährenden Vergütung sowie der Gewährung von Abschlagszahlungen finden die Bestimmungen des § 9 sinngemäße Anwendung.

Für den Fall, daß der Unternehmer mit Tode abgehen sollte, bevor der Ver= trag vollständig erfüllt ist, hat die bauleitende Behörde die Wahl, ob sie das Ver= tragsverhältniß mit den Erben desselben fortsetzen oder dasselbe als aufgelöst be= trachten will.

Gerichtsstand.

§ 18. Für die aus diesem Vertrage entspringenden Rechtsstreitigkeiten hat der Unternehmer — unbeschadet der im § 19 vorgesehenen Zuständigkeit eines Schieds= gerichts — bei dem für den Ort der Bauausführung zuständigen Gerichte Recht zu nehmen.

Schiedsgericht.

§ 19. Streitigkeiten über die durch den Vertrag begründeten Rechte und Pflichten, sowie über die Ausführung des Vertrages sind, wenn die Beilegung im Wege der

Verhandlung zwischen dem bauleitenden Beamten und dem Unternehmer nicht gelingen sollte, zunächst der bauleitenden Behörde zur Entscheidung vorzulegen.

Gegen die Entscheidung dieser Behörde wird die Anrufung eines Schiedsgerichtes zugelassen. Die Fortführung der Bauarbeiten nach Maßgabe der von der bauleitenden Behörde getroffenen Anordnungen darf hierdurch nicht aufgehalten werden.

Für die Bildung des Schiedsgerichts und das Verfahren vor demselben kommen die Vorschriften der Deutschen Zivilprozeßordnung vom 30. Januar 1877 §§ 851—872 in Anwendung. Bezüglich der Ernennung der Schiedsrichter sind abweichende, in den besonderen Vertragsbedingungen getroffene, Bestimmungen in erster Reihe maßgebend.

Falls die Schiedsrichter den Parteien anzeigen, daß sich unter ihnen Stimmengleichheit ergeben habe, wird das Schiedsgericht durch einen Obmann ergänzt. Die Ernennung desselben erfolgt — mangels anderweiter Festsetzung in den besonderen Bedingungen — durch den Präsidenten oder Vorsitzenden einer benachbarten Provinzialbehörde desjenigen Verwaltungszweiges, welchem die vertragschließende Behörde angehört.

Ueber die Tragung der Kosten des schiedsrichterlichen Verfahrens entscheidet das Schiedsgericht nach billigem Ermessen.

Kosten und Stempel.

§ 20. Briefe und Depeschen, welche den Abschluß und die Ausführung des Vertrages betreffen, werden beiderseits frankirt.

Die Portokosten für solche Geld- und sonstigen Sendungen, welche im ausschließlichen Interesse des Unternehmers erfolgen, trägt der Letztere.

Die Kosten des Vertragsstempels trägt der Unternehmer nach Maßgabe der gesetzlichen Bestimmungen.

Die übrigen Kosten des Vertragsabschlusses fallen jedem Theile zur Hälfte zur Last.

9.
Verfahren bei der Vorbereitung, Ausführung und Abrechnung der aus Staatsmitteln ganz oder theilweise zu errichtenden Hochbauten.

(Ministr.-Bl. f. die ges. innere Verwaltg. 1885 S. 161.)

Circ-Verfg. des Ministers der öffentlichen Arbeiten an die Königl. Herren Regierungs-Präsidenten in den Kreisordnungs-Provinzen und in Sigmaringen, an die Königl. Regierungen, an die Ministerial-Baukommission und das Königl. Polizei-Präsidium hier.

Berlin, den 4. August 1885.

Behufs Einführung eines möglichst gleichartigen und zweckmäßigen Verfahrens bei der Vorbereitung, Ausführung und Abrechnung der aus Staatsmitteln ganz oder theilweise zu errichtenden Hochbauten bestimme ich im Einvernehmen mit den betheiligten Herren Ministern Folgendes:

1. Es ist dafür Sorge zu tragen, daß die Aufstellung genereller Bauprojekte zu den gedachten Bauten erst dann den betreffenden Lokalbaubeamten aufgegeben wird, nachdem von der Behörde, für deren Zwecke der Bau bestimmt ist, ein nach Möglichkeit erschöpfendes Bauprogramm übermittelt worden ist, auch hinsichtlich der in Frage kommenden Bauplätze die Untersuchungen auf sanitäre Beschaffenheit, Auskömmlichkeit, auf den Baugrund, die Lage des höchsten Wasserstandes, die Möglichkeit der Gewinnung guten und ausreichenden Wassers abgeschlossen sind. Die Aufstellung spezieller

Projekte und Kostenanschläge darf dem Lokalbaubeamten erst aufgegeben werden, nachdem die Centralinstanz über den Bauplatz entschieden und die vorgelegten Skizzen genehmigt oder solche entworfen hat.

Die fertigen Pläne und sonstigen Ausarbeitungen sind demnächst der im ersten Absatz gedachten Behörde, welche das Bauprogramm übermittelt hat, zur eingehenden Prüfung und Aeußerung vorzulegen, da nach erfolgter Festsetzung jener Ausarbeitungen durch die Superrevisionsinstanz Abweichungen von denselben und nach begonnener Ausführung des Projekts nachträgliche Herstellungen und Beschaffungen nur ganz ausnahmsweise stattfinden dürfen. Bei eintretenden Zweifeln und Bedenken ist die Angelegenheit erforderlichenfalls auf dem Wege kommissarischer Berathungen zum Abschlusse zu bringen. Behörden, welche mit Bauausführungen dieser Art selten zu thun haben, sind auf vorstehende Bestimmungen noch besonders aufmerksam zu machen.

2. Während der Ausführung des Baues hat der zuständige Lokalbaubeamte oder in dessen Verhinderung der mit der speziellen Leitung des Baues betraute Regierungsbaumeister oder Bauführer sich besonders hinsichtlich derjenigen Einzelheiten, welche auf die Benutzung der verschiedenen Räumlichkeiten für ihre Zweckbestimmung von Einfluß sein könnten, mit der im ersten Absatz der Nr. 1 gedachten Behörde oder dem von dieser bezeichneten Beamten in Verbindung zu setzen und, soweit es zweckmäßig und nach dem Anschlage zulässig ist, den Wünschen derselben Rechnung zu tragen.

Ebenso hat der Regierungs- und Baurath, wenn er den fraglichen Bau zu besichtigen gedenkt, jene Behörde bezw. jenen Beamten davon rechtzeitig in Kenntniß zu setzen, damit sie sich hierbei betheiligen und Abänderungen oder Ergänzungen in Vorschlag bringen können.

Geschieht dies, so sind die darauf bezüglichen Erörterungen in einem gemeinschaftlichen Protokolle zusammenzufassen, welches mit einem Ueberschlage der etwaigen Mehrkosten, sowie einer Nachweisung der zur Deckung derselben verfügbaren Ersparnisse bei den Baufonds dem betreffenden Herrn Ressortchef und mir zur Genehmigung einzureichen ist.

Letzteres hat auch zu geschehen, wenn aus anderer Veranlassung Abweichungen oder Ergänzungen in Frage kommen sollten.

3. Nach Vollendung des Baues wird die Uebergabe an die unter Nr. 1 gedachte Behörde oder den von dieser bezeichneten Beamten durch den Lokalbaubeamten unter Zuziehung des mit der speziellen Leitung des Baues betrauten Regierungsbaumeisters oder Bauführers bewirkt. Nach eingehender Besichtigung des ganzen Baues ist ein gemeinschaftliches Protokoll über deren Ergebniß und die Uebergabe aufzunehmen, in welchem seitens des Uebernehmers etwaige Aenderungen und Ergänzungen zur Sprache zu bringen sind, welche er für nothwendig hält, um das Bauwerk für seine Bestimmung vollständig brauchbar zu machen. Das Protokoll ist dem betreffenden Herrn Ressortchef und mir zur Kenntnißnahme und zum Befinden über die darin etwa enthaltenen Vorschläge auf Ausführung von Aenderungen u. s. w. mit einem Ueberschlage der etwaigen Kosten, sowie einer Nachweisung der zur Deckung derselben verfügbaren Ersparnisse bei den Baufonds einzureichen.

Etwaige Anträge auf Aenderungen, Herstellungen und Beschaffungen, deren Nothwendigkeit sich erst nach Uebergabe des Baues ergeben sollte, sind, sofern beabsichtigt wird, den Kostenbedarf aus dem Baufonds zu bestreiten, dem betreffenden Herrn Ressortchef und mir längstens 6 Monate nach Uebergabe des Baues zur Genehmigung zu unterbreiten. Sind in dem betreffenden Gebäude Räume vorhanden, oder enthält dasselbe Einrichtungen, wie Centralheizungen und dergl., über deren Brauchbarkeit nach 6 Monaten noch kein abschließendes Urtheil gewonnen worden ist, so bleibt der Behörde auch später noch vorbehalten, Anträge auf Ausführung etwaiger Aenderungs- oder Ergänzungsarbeiten zu stellen. Nach Ablauf von 15 Monaten nach Uebergabe des Baues werden Anträge auf Aenderungen oder Ergänzungen zu Lasten des ursprünglich bewilligten Baufonds überhaupt nicht mehr zugelassen werden.

4. Vorstehende Bestimmungen gelten für die im Eingang bezeichneten Hochbauten aller Ressorts, sofern die bei der Superrevision in der Abtheilung für das Bauwesen meines Ministeriums festgesetzte Anschlagssumme des Hauptgebäudes 30 000 M. übersteigt, für Bauten des Ministeriums der geistlichen, Unterrichts- und Medizinal-Angelegenheiten und des Ministeriums für Landwirthschaft, Domänen und Forsten jedoch mit der Maßgabe, daß die Protokolle und sonstigen Anträge auf Ausführung von Abänderungen oder Ergänzungen von Seiten der ihnen unterstellten Provinzialbehörden an die Herren Chefs dieser Ministerien allein zu richten sind, welche dieselben demnächst zu meiner Kenntniß bringen werden. Die Bestimmungen sind, soweit noch thunlich, bei den bereits in der Ausführung begriffenen Bauten ebenfalls zur Anwendung zu bringen.

Der Minister der öffentlichen Arbeiten.
Maybach.

10.

Anwendung der Allgemeinen Vertragsbedingungen für die Ausführung von Hochbauten bei den auf die Wasser- und Wegebauten bezüglichen Vertragsabschlüssen.

Circ.-Verfg. des Ministers für Landwirthschaft ꝛc. an sämmtliche Königlichen Regierungen und die Königl. Ministerial-Bau-Kommission hier. II. 6884.

Berlin, den 12. Dezember 1885.

Nach der Cirkular-Verfügung vom 7. November cr. (a) sind seitens des Herrn Ministers der öffentlichen Arbeiten die von demselben unterm 17. Juli cr. vorgeschriebenen „Allgemeinen Vertragsbedingungen für die Ausführung von Hochbauten (s. den Art. 8) mit einigen, in jener Cirkular-Verfügung näher bezeichneten Aenderungen ꝛc. fortan innerhalb seines Ressorts auch bei den auf die Wasser- und Wegebauten der Staatsverwaltung bezüglichen Vertragsabschlüssen zu Grunde zu legen.

Mit Bezug auf meinen Cirkular-Erlaß vom 26. September cr. (Art. 8) bestimme ich hiermit, daß jene allgemeinen Vertragsbedingungen in gleicher Weise mit den bezeichneten Modifikationen künftig auch bei den auf die Wasser- und Wegebauten der Domänen- und Forstverwaltung bezüglichen Vertragsabschlüssen zur Anwendung zu bringen sind.

Sollten in einzelnen Fällen Abweichungen von der getroffenen Anordnung geboten erscheinen, so ist darüber besonders zu berichten.

Der Minister für Landwirthschaft, Domänen und Forsten.
In Vertretung:
Marcard.

a.

Berlin, den 7. November 1885.

Die mittelst Erlasses vom 17. Juli d. J. III 12142 mitgetheilten „Allgemeinen Vertragsbedingungen für die Ausführung von Hochbauten" erscheinen im wesentlichen auch zur Anwendung für die Lieferungen und Arbeiten zu Wasser= und Wegebauten der Staatsverwaltung innerhalb meines Ressorts geeignet und werden zu diesem Ende nur in einigen Punkten einer Aenderung bezw. Ergänzung bedürfen. Ew. Hochwohlgeboren ersuche ich daher unter Aufhebung der Erlasse vom 4. Oktober und 26. November 1881. — III 10126 und III 17737 —, jene Bedingungen fortan unter Berücksichtigung der nachstehenden Aenderungen 2c. auch bei der auf die Wasser= und Wegebauten der Staatsverwaltung innerhalb meines Ressorts bezüglichen Vertragsabschlüssen zu Grunde zu legen. Die Aenderungen sind folgende:

Zu § 1. In der ersten Zeile ist statt des Wortes „Herstellung" zu setzen: „Ausführung" und in der zweiten Zeile hinter „Bauwerke" einzuschalten: „Arbeiten oder Lieferungen." Die Worte „der betreffenden Bauwerke" in der vorletzten Zeile des ersten Absatzes sind fortzulassen.

Zu § 2. Dem vorletzten Absatz dieses Paragraphen ist folgende Fassung zu geben: „Insoweit in den Verdingungs=Anschlägen für Nebenleistungen, sowie für das Vorhalten von Werkzeug, Geräthen und Rüstungen und für Herstellung oder Unterhaltung von Zufuhrwegen nicht besondere Preisansätze vorgesehen oder besondere Bestimmungen getroffen sind, umfassen die vereinbarten Preise und Tagelohnsätze zugleich die Vergütung für die zur Erfüllung des Vertrages gehörenden Nebenleistungen aller Art, insbesondere auch für die Heranschaffung der zu den Bauarbeiten erforderlichen Materialien aus den auf der Baustelle befindlichen Lagerplätzen nach der Verwendungsstelle am Bau, sowie die Entschädigung für Vorhaltung von Werkzeug, Geräthen 2c." Das Wort „Höhenmessungen" in der ersten Zeile des letzten Absatzes ist fortzulassen.

Zu § 6. In der ersten Zeile ist zwischen die Worte „sich der" das fehlende Wort „in" zu setzen. Ferner ist zwischen Absatz 8 und 9 der Satz einzuschalten: „Ist die Unterbrechung durch Naturereignisse herbeigeführt worden, so kann der Unternehmer einen Schadenersatz nicht beanspruchen."

Zu § 13. In der zweiten Zeile ist statt des Wortes „Räume" zu setzen: „Bautheile."

Sollten demnächst in einzelnen Fällen Abweichungen von der getroffenen Anordnung geboten erscheinen, so ist darüber besonders zu berichten.

Der Minister der öffentlichen Arbeiten.

gez. Maybach.

An die Herren Regierungs=Präsidenten in den Provinzen Ost= und Westpreußen, Brandenburg, Pommern, Schlesien, Sachsen und Hannover, sowie in Sigmaringen, die Königlichen Regierungen in den übrigen Provinzen und die Königliche Ministerial=Bau=Kommission hier. (je besonders) III 13805.

———

Forst- und Jagdschutz und Strafwesen. Forst- und Jagdrecht.

11.
Jagdvergehen. Einziehung der Transportmittel.
Urtheil des Reichsgerichts (II. Straff.) vom 19. Juni 1885.

Neben der Strafe des Jagdvergehens muß auf Einziehung der Gewehre und Hunde, welche die Thäter bei sich geführt haben, erkannt werden. Das Gleiche gilt von den zur Fortschaffung des Wildes benutzten Transportmitteln.

Die Angeklagten Z. und J. hatten einen Hirsch angeschossen, die schweißende Spur bis zu dem eine halbe Stunde entfernten Orte, wo der Hirsch zusammengebrochen war, in Begleitung eines Hundes verfolgt, das Wild dort ausgeweidet und auf einem mitgenommenen Handschlitten fortgebracht. Sie waren überall nicht jagdberechtigt. Der erste Richter hatte auf Einziehung weder des Gewehres, noch auch des Hundes oder des Schlittens erkannt. Das Reichsgericht hat ergänzend die Einziehung aller dieser Gegenstände durch Urtheil angeordnet. Bezüglich des Gewehres und des Hundes, welche die Thäter bei sich geführt haben, entspricht die Entscheidung der bisherigen Praxis, nach welcher diese Einziehung immer ausgesprochen werden muß, gleichgültig ob die Vollstreckbarkeit der Einziehung möglich ist.*) Auch im vorliegenden Falle waren Gewehr und Hund nicht in Beschlag genommen, nicht einmal individuell ermittelt, es war also die Ausführbarkeit der Einziehung zweifelhaft. Neu aber ist die Subsumtion der Transportmittel unter das nach § 295 Str.G.B. einzuziehende Jagdgeräth. Das Reichsgericht nimmt in dieser Beziehung an, daß unter den Begriff des Jagdgeräths alle Gegenstände fallen, welche zur Verübung des Jagdvergehens gebraucht oder bestimmt sind. Zu diesen Gegenständen gehörten auch die Transportmittel, weil sie dazu dienten, die Occupation des Wildes durch Fortschaffung aus dem fremden Jagdgebiete in Vollzug zu setzen und so das Jagdvergehen zum Abschluß zu bringen.

R.

12.
Polizei-Verordnung der Königlichen Regierung Potsdam, betr. die Ausführung des Feld- und Forstpolizei-Gesetzes vom 1. April 1880.
Vom 9 November 1885.
(Amtsblatt der Reg. Potsdam Stück 48 de 1885.)

Auf Grund des § 137 des Gesetzes über die allgemeine Landesverwaltung vom 30. Juli 1883 (Ges.-S. S. 195) und der §§ 6, 11 und 12 des Gesetzes über die Polizeiverwaltung vom 11. März 1850 (Ges.-S. S. 265) wird unter Zustimmung des Bezirksausschusses für den Regierungsbezirk Potsdam zur Ergänzung des Feld- und Forstpolizeigesetzes vom 1 April 1880 (Ges.-S. S. 230)**) Nachstehendes verordnet:

§ 1. Mit Geldstrafe bis Dreißig Mark wird bestraft, wer sein Vieh in der Zeit von einer Stunde nach Sonnenuntergang bis Sonnenaufgang (Nachtweide) außerhalb eingefriedigter Grundstücke weiden läßt.

---

*) Urtheil vom 17. Februar 1881. Jahrbuch Bd. XIII. S. 233.
**) Jahrbuch Bd. XII. Art. 63. S. 258

§ 2. Bei der Ausübung von Weideberechtigungen in Forsten ist es verboten:
1. wenn die Berechtigung einer Hütungsgemeinschaft zusteht und das Einzelhüten nicht ausdrücklich gestattet ist, einzelne Stücke Vieh getrennt von der gemeinschaftlichen Heerde zu weiden,
2. das Vieh zur Nachtzeit, d. h. von einer Stunde nach Sonnenuntergang bis Sonnenaufgang im Walde zu belassen oder während dieser Zeit einzutreiben,
3. die Aufsicht über das Vieh Kindern unter zwölf Jahren oder solchen Personen anzuvertrauen, welche wegen Forst= oder Jagdfrevels dreimal bestraft sind.

Für jede zur Hütung in eine fremde Forst einzutreibende Heerde ist auf Verlangen des Eigenthümers oder Verwalters der Forst bei demselben alljährlich ein Legitimationsschein zu lösen, welcher die Bezeichnung der Heerde nach Vieharten und höchster zulässiger Stückzahl (falls die Berechtigung in dieser Beziehung begrenzt ist) enthalten muß.

Zuwiderhandlungen werden nach § 40 bezw. § 41 des Gesetzes bestraft.

Unter Gesetz wird hier, sowie in den nachfolgenden Paragraphen das Feld= und Forstpolizeigesetz vom 1. April 1880 (Ges.=S. S. 230) verstanden.

§ 3. Mit Geldstrafe bis Dreißig Mark wird bestraft, wer unbefugt Geweihe oder einzelne Stangen von Rothhirschen oder Dammhirschen aufsammelt.

§ 4. Mit Geldstrafe bis Fünfzig Mark wird bestraft, wer unbefugt auf fremden Grundstücken Gras, Heu, Torf oder andere Bodenerzeugnisse ausbreitet oder niederlegt.

§ 5. Mit Geldstrafe bis Sechzig Mark wird bestraft:
1. wer abgesehen von den Fällen des § 308 des Strafgesetzbuchs ohne vorgängige Anzeige bei der Ortspolizeibehörde oder bei dem Ortsvorstande Wald= oder Wiesenflächen oder liegende oder zusammengebrachte Bodendecken in Brand setzt oder Rottdecken sengt oder die bezüglich dieses Brennens oder Sengens polizeilich angeordneten Vorsichtsmaßregeln außer Acht läßt,
2. wer die vorstehend zu 1 oder die in § 32 des Gesetzes vorgeschriebene Anzeige zwar macht, aber vor Ablauf von vier Wochen, ohne die polizeilichen Anordnungen abzuwarten, zur Ausführung seines Vorhabens schreitet.

§ 6. Verboten ist — auch auf eigenen Grundstücken — der Fang oder das Tödten nachbenannter Vogelarten:

Ammer, Bachstelze, Baumläufer, Blaukehlchen, Bussard, Dompfaff, Drossel, Eule (mit Ausnahme des Uhus), Fink, Fliegenschnäpper, Goldhähnchen, Grasmücke, Hänfling, Kiebitz, Kleiber, graue Krähe, Kukuk, Laubvogel, Lerche, Mandelkrähe, Meise, Nachtigall, Pieper, Pirol, Rohrsänger, Rothkelchen, Rothschwanz, Schwalbe, Specht, Staar, Steinschmätzer, Stieglitz, Storch, Thurmfalke, Wendehals, Wiedehopf, Wiesenschmätzer, Zaunkönig, Zeisig, Ziegenmelker (Tagschlaf);
sowie ferner das Zerstören der Nester, mit Ausnahme derer an eigenen Gebäuden, das Ausnehmen oder Feilhalten von Eiern oder das Ausnehmen von Jungen dieser Vögel. Dasselbe gilt von allen Vorbereitungen zum Fange derselben, insbesondere von dem Aufstellen von Netzen, Schlingen, Dohnen, Sprenkeln, Käfigen und Leimruthen, sowie von dem Feilhalten solcher gefangenen oder getödteten Vögel.

Zuwiderhandlungen werden nach § 34 des Gesetzes bestraft.

§ 7. Ausgenommen von dem Verbote des § 6 ist die Anlage von Dohnensteigen Seitens der Jagdberechtigten zum Zwecke des Krammetsvogelfanges. Das Einbeeren der Steige und der Fang ist erst nach dem 1. Oktober jeden Jahres gestattet. Ferner kann das Verbot des Einfangens oder Tödtens einzelner der im § 6 aufgeführten Vogelarten, ingleichen das Verbot des Ausnehmens ihrer Eier oder Jungen oder des Zerstörens ihrer Nester für solche Feldmarken, auf welchen jene Vogelarten in einer der Land- oder Forstwirthschaft nachtheiligen Menge auftreten, von den Landräthen bezw. den Polizeibehörden der Stadtkreise zeitweise außer Kraft gesetzt werden.

Die hierüber zu erlassende Bekanntmachung muß die Dauer der Außerkraftsetzung, welche ein Jahr nicht übersteigen darf, bestimmen und in der für Polizeiverordnungen vorgeschriebenen Weise veröffentlicht werden.

Bezüglich des Ausnehmens von Kiebitzeiern bewendet es bei der Vorschrift im § 6 des Gesetzes über die Schonzeiten des Wildes vom 26. Februar 1870.*)

§ 8. Sobald an einem Orte sich Heuschrecken in großer Zahl zeigen, sind die Besitzer selbstständiger Gutsbezirke und die Gemeinden verpflichtet, die zur Ausführung der Vertilgungsmaßregeln nöthigen Mannschaften und Gespanne unentgeltlich zu gestellen.

Der Landrath hat erforderlichen Falls den Umfang dieser Leistungen und die übrigen Vorbeugungs- oder Vertilgungsmaßregeln zu bestimmen.

§ 9. Wer von dem Vorkommen des Kartoffelkäfers, seiner Eier, Larven oder Puppen in irgend einer Weise Kenntniß erhält, ist verpflichtet, binnen 24 Stunden der Ortspolizeibehörde davon Anzeige zu machen.

Die von dem Eigenthümer, Nießbraucher oder Pächter eines Grundstücks oder von den von ihm damit beauftragten Personen aufgelesenen Käfer, Eier, Larven und Puppen sind sofort zu tödten. Die Aufbewahrung in lebendem Zustande ist verboten.

Jeder Eigenthümer, Nießbraucher oder Pächter eines Grundstücks ist verpflichtet, die von dem Landrath oder der Polizeibehörde angeordneten Absuchungen der Grundstücke gehörig auszuführen, und hat Jedermann die Verfügungen des Landraths oder der Polizeibehörde wegen der Absperrung von Grundstücken genau zu befolgen.

§ 10. Das Anpflanzen von Berberitzensträuchern in einer Entfernung von weniger als 100 Metern von fremden Ackergrundstücken ist verboten, und sind Sträucher dieser Art, welche sich in einer geringeren Entfernung befinden, zu beseitigen.

§ 11. Eigenthümer, Nutznießer, Pächter und Verwalter von Grundstücken, auf welchen sich die gelbe Wucherblume (senecio vernalis), auch Frühlings-Kreuzkraut genannt, befindet, sind verpflichtet, dies Unkraut, bevor es in den Zustand des Abblühens oder Reifens eintritt, herauszunehmen und zu vernichten.

Die Absuchung der Grundstücke nach der bezeichneten Pflanze ist spätestens in der ersten Woche des Monats Mai zu beginnen und bis zur Mitte des Monats Juni so oft, wie die Umstände es erfordern, zu wiederholen. Alsdann muß die vollständige Vertilgung der Pflanze durchgeführt sein.

Diese Vorschriften beziehen sich sowohl auf angebaute landwirthschaftliche als auch auf unangebaute Grundstücke, sowie auf Wege, Wegeränder, Chausseedossirungen, Eisenbahnkörper und ähnliche Flächen.

Auf forstwirthschaftliche Grundstücke beziehen sie sich nur, soweit dieselben aus Blößen und Kulturen bestehen, welche an landwirthschaftliche Grundstücke grenzen, und zwar nur bis zu einer Tiefe von 200 Metern vom Rande der letzteren.

Der Landrath ist bei nicht gehöriger Befolgung dieser Vorschriften, unbeschadet

---

*) Jahrbuch Bd. III. Art. 36. S. 127.

der Strafvorschrift des § 12, befugt, die unterlassenen Vorrichtungen auf Kosten der Säumigen im Zwangswege zur Ausführung zu bringen. Die Strafbarkeit ist ausgeschlossen, wenn die Betreffenden nachweisen, daß sie es an den erforderlichen Bemühungen zur Vertilgung der Pflanzen nicht haben fehlen lassen.

§ 12. Zuwiderhandlungen gegen die vorstehenden §§ 8 bis 11 werden nach § 34 des Gesetzes bestraft.

§ 13. Mit Geldstrafe bis Fünfzig Mark wird bestraft:
1. wer unbefugt auf Forstgrundstücken Bau=, Nutz=, oder Brennholz umsetzt oder anderweitig sortirt,
2. wer die zur Bestimmung von Haide=, Streu= oder Grasflächen dienenden Merkmale vernichtet, verändert, unkenntlich macht oder nachahmt.

§ 14. Zur Ausübung einer jeden Waldnutzung behufs Selbstgewinnung von Waldprodukten und Waldnebennutzungen jeder Art, also auch zum Sammeln von Kräutern, Beeren und Pilzen, ist ein vom Waldeigenthümer oder dessen Vertreter ausgestellter Legitimationsschein im Voraus zu lösen.

Die Ausübung darf nur bei Tage, d. h. in der Zeit von Sonnenaufgang bis Sonnenuntergang, und nur in den von dem Eigenthümer oder Verwalter der Forst für geöffnet erklärten Theilen derselben erfolgen. Bei Zuwiderhandlungen treten die Strafvorschriften der §§ 40. 41 des Gesetzes ein.

§ 15. Mit Geldstrafe bis Fünfzig Mark wird bestraft, wer aus einem fremden Walde oder Torfstich andere Gegenstände als Holz, welche er erworben oder zu deren Bezuge in bestimmten Maßen er berechtigt ist, unbefugt ohne Genehmigung des Grundeigenthümers oder dessen Vertreters vor Rückgabe des Verabfolgezettels oder an anderen als den bestimmten Tagen oder von einem anderen als den ihm angewiesenen Bezugsorte oder auf anderen als den bestimmten Wegen fortschafft.

Die Verfolgung tritt nur auf Antrag ein.

§ 16. Mit Geldstrafe bis fünfzig Mark wird bestraft, wer es unterläßt aus einem fremden Walde oder Torfstich Holz, Torf oder andere Gegenstände, welche er erworben hat, oder zu deren Bezuge in bestimmten Maßen er berechtigt ist, innerhalb der bestimmten Abfuhrfrist oder, in Ermangelung einer solchen, innerhalb 8 Wochen nach der Erwerbung bezw. der Zustellung des Verabfolgezettels fortzuschaffen.

Eine Wiederholung der Bestrafung erfolgt jedesmal nach Ablauf von 14 Tagen, vom Tage der Zustellung der letzten Straffestsetzung ab gerechnet, sofern die Abfuhr bis dahin nicht besorgt ist.

Die Verfolgung tritt nur auf Antrag ein.

§ 17. Nach § 40 des Gesetzes wird bestraft, wer als Berechtigter oder Haidemiether in fremden Forsten:
1. die beim Roden von Stubben oder Stämmen entstandenen Löcher nach beendeter Arbeit unausgefüllt läßt,
2. unbefugt Stubben in Schonungen rodet,
3. Abraum aus Holzschlägen entnimmt, bevor dieselben von dem Waldeigenthümer oder dem verwaltenden Beamten ausdrücklich für geöffnet erklärt sind.
4. bei der Werbung von Raff= und Leseholz oder Abraum, insofern die Befugniß auf diese Gegenstände beschränkt ist, Aexte, Beile, Haken oder andere Werkzeuge, mit welchen stehende Bäume heruntergebracht werden können, mit sich führt,

5. das geworbene Holz, zu dessen Entnahme in unbestimmten Massen er an und für sich befugt ist, auf dem Transport nach der Feuerstelle zum Zweck der Gewinnung größerer Mengen, als er andernfalls am festgesetzten Holztage mit dem gestatteten Transportmittel an den Bestimmungsort schaffen könnte, unterwegs niederlegt und hernach die Werbung fortsetzt oder fortsetzen läßt,

6. Gras, Schilf, Binsen oder Rohr mit der Sense oder in Schonungen bezw. in Saat= oder Baumschulen mit der Sense oder Sichel wirbt.

Als Schonungen gelten diejenigen Forstflächen, welche als solche durch Gräben, Zäune, Tafeln, Strohwische oder andere ortsübliche Zeichen kenntlich gemacht sind.

§ 18. Wer Brennholz, unverarbeitetes Bau= oder Nutzholz, insbesondere auch Bandstöcke, Birkenreis, Reisbesen, Korbruthen, Faschinen, junge Nadelhölzer, Weihnachtsbäume, Maien, Raff= oder Leseholz, Kien oder frisch gefälltes, nicht forstmäßig zugerichtetes Holz transportirt oder in Ortschaften einbringt, hat sich auf Erfordern der Polizei=, Forst= oder Steuerbeamten durch eine Bescheinigung der Polizeibehörde seines Wohnorts oder des Waldeigenthümers über den redlichen Erwerb dieser Hölzer auszuweisen.

Zuwiderhandlungen werden nach § 43 des Gesetzes bestraft.

§ 19. Mit Geldstrafe bis fünfzig Mark wird bestraft:

1. wer unbefugt in Forsten schießt oder Fuerwerke oder andere explosive Gegenstände abbrennt,

2. wer in der Zeit vom 1. März bis 1. Oktober in Forsten ohne Erlaubniß des Forsteigenthümers oder Forstverwalters außerhalb derjenigen öffentlichen Fahrwege, welche auf beiden Seiten durch Gräben gegen den Forstbestand abgegrenzt sind, Taback anders als aus Pfeifen mit geschlossenem Deckel raucht,

3. wer innerhalb einer Forst oder an deren Grenze auf Gewässern mit Benutzung von Leuchtfeuern fischt oder krebst.

§ 20. Bei Waldbränden sind die männlichen Bewohner der Umgegend, bis auf acht Kilometer Entfernung von der Brandstätte, im Alter von 18 bis 50 Jahren Hülfe zu leisten verpflichtet.

In den Gemeinden hat der Gemeindevorsteher, in Gutsbezirken der Gutsvorsteher den vierten Theil der hiernach verpflichteten Mannschaften mit Spaten, Hacken und Äxten versehen, unter einem geeigneten Anführer in möglichster Eile nach der Brandstätte abzusenden, auch, soweit erforderlich, für rechtzeitige Ablösung durch frische Mannschaft zu sorgen.

Die Anführer haben sich mit ihrer Mannschaft sofort nach der Ankunft auf der Brandstätte bei der die Löschanstalten leitenden Person (Landrath, Amtsvorsteher, Forstbeamten, Forstbesitzer u. s. w.) zu melden und dessen Anordnungen Folge zu leisten.

Zuwiderhandlungen werden, abgesehen von den Fällen des § 44 No. 4 des Gesetzes und des § 360 Nr. 10 des Strafgesetzbuches*), mit Geldstrafe bis Dreißig Mark bestraft.

---

*) § 360, 10. lautet:
Mit Geldstrafe bis zu einhundertfünfzig Mark oder mit Haft wird bestraft:
   10. Wer bei Unglücksfällen oder gemeiner Gefahr oder Noth von der Polizeibehörde oder deren Stellvertreter zur Hülfe aufgefordert, keine Folge leistet, obgleich er der Aufforderung ohne erhebliche eigene Gefahr genügen konnte.

§ 21. Diese Verordnung tritt mit dem 1. Januar 1886 in Kraft.

Mit demselben Zeitpunkte treten außer Kraft:

die Polizeiverordnungen vom 6. Mai 1811 und vom 14. Juni 1844, betreffend das Einfangen von Nachtigallen — Amtsblatt für 1844 S. 166,

die Polizeiverordnung vom 2. Oktober 1867, betreffend das Tödten ꝛc. gewisser Vogelarten — Amtsblatt S. 369,

die Polizeiverordnung vom 22. März 1875 wegen der Anpflanzung des Beerberitzenstrauchs — Amtsblatt S. 111,

die Polizeiverordnung vom 24. April 1876, betreffend die Vertilgung der Heuschrecken — Amtsblatt S. 134,

Die Polizeiverordnung vom 12. Dezember 1837 und vom 3. Februar 1863 wegen Vertilgung der großen Kiefernraupe — Amtsblatt für 1837 S. 420 und für 1863 S. 37,

die Forstpolizeiverordnung für den Regierungsbezirk Potsdam vom 1. Januar 1870 — Amtsblatt S. 14,

die Polizeiverordnungen vom 19. August 1857 und vom 18. Juni 1878 wegen der Hülfeleistung bei Waldbränden — Amtsblatt für 1857 S. 321 und für 1878 S. 206.

Potsdam, den 9. November 1885.

Der Regierungs-Präsident.

Personalien.

13.

Veränderungen im Königlichen Forst- und Jagdverwaltungs-Personal vom 1. Oktober bis ult. Dezember 1885.

(Im Anschluß an den Art. 70. S. 437. des XVII. Bds.)

I. Bei der Hofkammer der Königlichen Familiengüter und beim Königlichen Hofjagd-Amt.

A. Zum Oberförster ernannt und mit Bestallung versehen:

Borbstaedt, Forst-Assessor zu Schmiedeberg, für die Oberförsterei Arnsberg, Reg.-Bez. Liegnitz, mit der Anciennetät vom 1. Januar 1886 I.

Frhr. von Loewenstern, Forst-Assessor zu Bischdorf, für die Oberförsterei Karmunkan, Reg.-Bez. Oppeln, mit der Ancienetät vom 1. Januar 1886 II.

B. Den Charakter als Hegemeister hat erhalten:

Sacher, Förster zu Wüstemark, Oberförsterei Königs-Wusterhausen.

II. Bei der Central-Verwaltung und den Forst-Akademien.

Goebel, Forst-Assessor, dem Direktor der Forst-Akademie zu Eberswalde als Assistent bei den Geschäften des Unterrichts, der Verwaltung und bei forstwissenschaftlichen Arbeiten überwiesen, an Stelle des mit der Verwaltung der Hausfideikommiß-Oberförsterei Schmolsin beauftragten Forst-Assessors Lehnpfuhl.

Schumann, Geheimer Registrator, der Charakter als Kanzleirath verliehen.
Ehrhardt, Rechnungsrath, der Charakter als Geheimer Rechnungsrath verliehen.
Rintelen, Geheimer Ober-Regierungsrath und vortragender Rath, zum Reichs-
gerichtsrath ernannt.

III. Bei den Provinzial-Verwaltungen der Staatsforsten.

A. Gestorben:

Blanckmeister, Oberförster zu Altenau, Reg.-Bez. Hildesheim.
Bodecker, Oberförster zu Binnen, Reg.-Bez. Hannover.
Hempel, Oberförster zu Königsbruch, Reg.-Bez. Marienwerder.
Walter, Oberförster zu Jänschwalde, Reg.-Bez. Frankfurt.
Israel, Oberförster zu Beckerhagen, Reg.-Bez. Cassel.

B. Pensionirt:

von Jonquières, Forstmeister zu Frankfurt a. O.
Seidensticker, Forstmeister zu Frankfurt a. O.

C. Versetzt ohne Aenderung des Amtscharakters:

Dantz, Oberförster, von Zeitz, Oberförsterei Gossera, Reg.-Bez. Merseburg, nach
Forsthaus Durbeke, Oberf. Altenbeken, Reg.-Bez. Minden.
Huber, Oberförster, von Forsthaus Durbeke, Oberf. Altenbeken, Reg.-Bez. Minden,
nach Zeitz, Oberf. Gossera, Reg.-Bez. Merseburg.

D. Zu Oberförstern ernannt und mit Bestallung versehen sind:

Born, Forst-Assessor (bisher Hülfsarbeiter bei der Regierung Gumbinnen) zu Königsbruch, Reg.-Bez. Marienwerder.
von der Hellen, Forst-Assessor (bisher Hülfsarbeiter bei der Regierung Danzig)
zu Binnen, Reg.-Bez. Hannover.

E. Als Hülfsarbeiter bei einer Regierung wurde berufen:

Hintz, Forst-Assessor, nach Gumbinnen.

F. Den Charakter als Hegemeister haben erhalten:

Bretz, Förster zu Todenroth, Oberf. Kirchberg, Reg.-Bez. Coblenz.
Schultze, Förster zu Pratau, Oberf. Rothehaus, Reg.-Bez. Merseburg.
Gabriel, Förster zu Sowade, Oberf. Dembio, Reg.-Bez. Oppeln.
Häufler, Förster zu Seeberg, Oberf. Ludwigsberg, Reg.-Bez. Posen.

G. Forstkassenbeamte:

Dem mit dem 1. November 1885 in den Ruhestand tretenden Forstkassen-Rendanten
Richter zu Alt-Ruppin, Reg.-Bez. Potsdam, ist der Charakter als Rechnungs-
rath verliehen.
Dem Forstkassen-Rendanten und Domänen-Rentmeister Kotze zu Potsdam ist der
Charakter als Rechnungsrath verliehen.
Dem Forstkassen-Rendanten Igel zu Trebnitz, Reg.-Bez. Breslau, ist der Charakter
als Rechnungsrath verliehen.

Verwaltungsänderungen:

Der Name der Oberförsterei „Hersfeld-Süd", Reg.-Bez. Cassel, ist in „Hersfeld-
Wippershain" umgeändert worden.

Ordens-Verleihungen.
14.

A. Der Rothe Adler-Orden III. Klasse mit der Schleife:

Rintelen, Geheimer Ober-Regierungsrath und vortragender Rath bei der Central-Verwaltung (bei seinem Uebertritt in den Reichsdienst. S. unter 13. II.)

B. Der Kronen-Orden IV. Klasse:

Wegener, Revierförster zu Trochel, Oberf. Rotenburg, Reg.-Bez. Stade (mit der Zahl 50).

Schreiber, Forstkassen-Rendant zu Fischersfelde, Reg.-Bez. Stettin (bei der Pensionirung).

Scholz, Hegemeister zu Königsdamm, Oberf. Tegel, Reg.-Bez. Potsdam (mit der Zahl 50.)

C. Das Allgemeine Ehrenzeichen:

Trilsbach, Förster zu Sponheim, Oberf. Entenpfuhl, Reg.-Bez. Coblenz (mit der Zahl 50).

Klamann, Förster zu Rehdamm, Oberf. Stepenitz, Reg.-Bez. Stettin (mit der Zahl 50)

Thies, Holzhauermeister zu Rothen, Oberf. Gifhorn, Reg.-Bez. Lüneburg.

Przetak, Förster zu Coßwald, Oberf. Födersdorf, Reg.-Bez. Königsberg (mit der Zahl 50.)

Lupprian, Förster zu Baccum, Oberf. Lingen, Reg.-Bez. Osnabrück (bei der Pensionirung.)

Taube, Förster zu Marienthal, Oberf. Wildenbruch (Königl. Hofkammer).

In Anerkennung lobenswerther Dienstführung sind von Sr. Excellenz dem Herrn Minister Ehrenportepée's verliehen worden:

Schröder, Förster zu Struth, Oberf. Wachsstedt, Reg.-Bez. Erfurt.

Janke, Förster zu Passendorf, Oberf. Carlsberg, Reg.-Bez. Breslau.

Güttig, Förster zu Reichwald, Oberf. Nimkau, Reg.-Bez. Breslau.

Scholz, Förster zu Schubersee, Oberf. Woidnig, Reg.-Bez. Breslau.

Henicke, Förster zu Glinow, Oberf. Buchberg, Reg.-Bez. Danzig.

Stümke, Förster zu Borkau, Oberf. Pelplin, Reg.-Bez. Danzig.

Ernst, Förster zu Modderwiese, Oberf. Lubiathfließ, Reg.-Bez. Frankfurt.

Krause, Förster zu Hermsdorf, Oberf. Sorau, Reg.-Bez. Frankfurt.

Kloßmann, Förster zu Kienitz, Oberf. Carzig, Reg.-Bez. Frankfurt.

Kuhn, Förster zu Polenzig, Oberf. Reppen, Reg.-Bez. Frankfurt.

Schumacher, Förster zu Steinhaus, Oberf. Königsforst, Reg.-Bez. Cöln.

Melchior, Förster zu Huppelröttchen, Oberf. Siebengebirge, Reg.-Bez. Cöln.

Quednau, Förster zu Bejehden, Oberf. Klooschen, Reg.-Bez. Königsberg.

Röckner, Förster zu Jägeritten, Oberf. Födersdorf, Reg.-Bez. Königsberg.

Rummler, Förster zu Weißensee, Oberf. Leipen, Reg.-Bez. Königsberg.

Böhnke, Förster zu Haferbeck, Oberf. Gauleden, Reg.-Bez. Königsberg.

**Handbuch
der
Staatsforstverwaltung
in Preußen.**

Geordnete Darstellung der bezüglichen Gesetze, Kabinets-Ordres, Verordnungen, Regulative und Ministerial-Verfügungen mit Quellenangabe.

Von

E. Schlieckmann,
Königl. Preuß. Forstmeister zu Frankfurt a. O.

I. Theil: **Die Behörden und Beamten.**   II. Theil: **Die Verwaltung.**
Preis M. 6,—; geb. M. 7,—.   Preis M. 7,50; geb. M. 8,50.

Berlin, G. Grote'scher Verlag.

Verlag von Julius Springer in Berlin N.

Die
Landmessung.
Ein Lehr- und Handbuch
von
Dr. C. Bohn,
Prof. der Physik und Vermessung an der Kgl. Bayr. Forstschule in Aschaffenburg.

Mit 370 in den Text gedruckten Holzschnitten und 2 lithographirten Tafeln.
Preis M. 22,—.

Grundzüge
der
astronomischen
Zeit- und Ortsbestimmung
von
Dr. W. Jordan,
Professor an der Technischen Hochschule zu Hannover.

Mit zahlreichen in den Text gedruckten Holzschnitten.
Preis M. 10,—.

Handbuch
der
Forst- und Jagdgeschichte Deutschlands.
Von
Dr. Adam Schwappach,
Professor an der Universität Giessen.

1. Lieferung:
Von den ältesten Zeiten bis zum Schluss des Mittelalters (1500).
Preis M. 6,—.
(Erscheint in 3 Lieferungen und wird in 1½—2 Jahren vollständig vorliegen.)

═══ **Zu beziehen durch jede Buchhandlung.** ═══

MIX
Papier aus verantwortungsvollen Quellen
Paper from responsible sources
FSC® C105338

If you have any concerns about our products,
you can contact us on
ProductSafety@springernature.com

In case Publisher is established outside the EU,
the EU authorized representative is:
**Springer Nature Customer Service Center GmbH
Europaplatz 3, 69115 Heidelberg, Germany**

Printed by Libri Plureos GmbH
in Hamburg, Germany